打造轻松整理的房间

将旧式两居打造成宜居之家
"收纳专家"的生活技巧 **65**

SAORI HONDA

[日] 本多沙织 著
刘　慨 译

山东人民出版社

序　言

　　"变得爱整理房间了……"

　　结婚第三年的某一天，老公对于我们家的"轻松的整理收纳系统"不禁感慨万千。

　　婚后，所有家务活儿几乎都是我一人承包。最近，我的个人客户的整理收纳服务多了起来，老公不忍心我这样忙碌，渐渐也开始帮我做洗碗、洗衣服等家务。我是一个喜欢将事情轻松简单化的人，思想中的收纳也重视"整理的容易性"，老公在帮忙做家务之余，也切身感受到了整理回放物品的容易性。

　　整理的必要因素中，我认为个人主观意愿占 20%，剩余 80% 在于"让人想要并方便整理的收纳术"，本书主要介绍我们家的"没有整理意愿也能整理的系统"，以及"省时的生活妙招"。

整理收纳顾问　**本多沙织**

收纳改变未来

理想生活，收纳可待

假设有这样一个收纳空间：

里面堆满了各种生活物品，每当打开那里时，内心总是感到隐隐压抑，找东西时也不愿意在那里多停留一秒钟，买来的物品也是找缝隙塞进去……

时间一长会怎么样呢？

每次取东西时掉下的其他物品、在堆积如山的物品中找寻的时间、重复购物的资金浪费、每次问家人"那个在哪儿？"等潜在危机的对话……种种预想，可怕的未来，能改变这种状况的唯有"轻松收纳"。

什么是"轻松收纳"呢？就是"取出轻松"、"放回轻松"、"扫除轻松"，并且这种收纳的大前提是"东西不宜过多"。如果没用的东西太多，收纳空间就会岌岌可危，无论哪个"轻松"都无法期望。要严格挑选持有物品然后进行处置，也要培养好的购买习惯。

被什么样的物品所包围？究竟想过什么样的生活？如果能有条不紊地做好收纳，那么想要的生活就在你身边。

不是善后整理，而是理顺方向

无论什么东西增加，都会让收纳措手不及。例如，孩子的画或手工等越堆越多，对妈妈来说，绝对是件头疼的事儿。只有感到这些压力和不安，利用这样的机会，才会下决心采用"以后轻松"的收纳方式。例如，尝试规范收纳——"除了特别物品外，放置一段时间后，拍下照片后妥善处理"、"将物品放到文件箱中保管"等，这样就不用神经兮兮地担心孩子的画会弄得乱七八糟，心情也容易放松下来。

现状也好，曾经和以后也罢，我们是不是经常惶恐"东西越来越多"？所以收纳也不只意味着现在物品的整理，也是对过去和将来物品的统筹，对自己生活方式的规划。

收纳衍生了心灵的从容，编织了理想的未来，给我们的生活带来了众多的变化。在万千变化中，受益最大的莫过于自己的心灵。繁忙之余，也不忘一丝从容——"一直想给花换个盆儿，今天忙里偷闲做好了。"能听到这样的声音是我最快乐的事！

目 录

建成43年之久、旧式两居的

本多家的房间布局

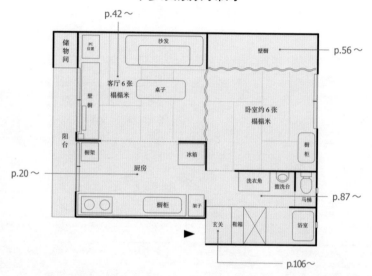

p.42〜

储物间

PC位置

壁橱

客厅6张榻榻米

沙发

桌子

p.56〜

壁橱

卧室约6张榻榻米

橱柜

阳台

橱架

冰箱

p.20〜

厨房

洗衣角

盥洗台

马桶

p.87〜

橱柜

架子

玄关

鞋箱

浴室

p.106〜

　　陪伴我和老公二人生活的小小蜗居，仅仅2居室，是建成43年简约朴素的旧式住屋。3年前搬来时，看到狭窄脏污的样子，还不禁打起了退堂鼓呢。两个房间都是榻榻米，可以收纳的也只有内向纵深的壁橱，水槽旁边有个小小的空间也是左不成、右不就……尽管这样，我们还是从零开始一点一滴地布置，当收拾妥当踏入房间时，那种雀跃振奋至今仍然记忆犹新。

　　首先就是彻底扫除。无论整理什么样的房间，没有清洁感就无从下手。其次房间里仅有一个壁橱，对这仅有的收纳空间要做好收纳计划。最后，逐步改善生活中有压抑感的部分。现在，由衷感到住在这样小巧的房间里真好！收纳管理、扫除清理都可以得心应手，恰恰是因为蜗居、因为小巧别致，才方便尝试各种布局，产生丰富多彩的生活妙招。

　　我们的蜗居并非如样板房那样高大上，却处处洋溢着生活气息，反反复复纠结的收纳，缝缝补补造的简约生活，大爱！

PART 1

整理收纳的观点

很多人都认为"规规矩矩收放进去了就是收纳"，果真如此吗？例如：拿出平时常用的茶碗喝茶，"茶碗在茶壶的后面"——打开橱门，挺直身体，挪开茶壶，拿出里面的茶碗，最后放回茶壶，关上橱门。如果每次喝茶时都要重复这些步骤，也是件费事的事儿。另外，洗完的茶碗每次也一定要放回原位吧！

这虽然是个极端的例子，但是贴近生活的收纳比什么都重要。不要局限于物品种类，要注重使用频率。收纳并不是为了将物品"好好收放进去"，而是在于"轻松使用"。

寻找可持续的收纳方法

我是一个很懒散的人。

如果不能轻松简单地取出物品，我就会失去做家务活儿的干劲；如果不能轻松地放回去，物品可能会一直闲置在外面。所有的家务活儿、学习方法、爱好或其他事情，如果不是自己可以坚持下去的方法，就无法持之以恒，收纳也是一样。

房间乱糟糟的人，暂且无视那个人的性格，强行生搬硬套让他遵守"理应这样那样"的收纳，可能会坚持不下去。好不容易收拾干净了，过不久就会一点点变乱，最后土崩瓦解。

懒散无关大碍，也并非是"性格"使然，其实只需改变"收纳方式"就可以了。自己可以继续懒散，重要的是采用"取放方便"的收纳方式。如果不善于叠放衣物，那么采用不叠放的收纳方式就可以了；如果觉得开门关门琐碎，那么拆下门就可以了；如果觉得来回拿取比较麻烦，那么收放在经常使用的地方就可以了……其实原本就没有不想轻松的人，但怎样算是轻松呢？这点是因人而异的，寻找"让自己轻松"的收纳方法是最重要的。

培养"习惯性收纳"

就寝之前，我有收拾桌子的习惯。那是因为，想象早起后眼前满目狼藉的餐桌，会觉得自己很可怜。

收拾桌子，只需要一两分钟，与其说是脏乱房间的善后，不如说是早起好心情的投资。

为此，"能轻松放回的收纳"是必不可欠的。桌子上面的物品如果杂乱无章，睡觉时也无法从费事的整理心情中解脱出来，杂乱无章的状态拖拖拉拉，而且到第二天又会接踵而来。如果不能养成立即整理的习惯，就有必要重新审视一下收纳。收纳没有正确答案，如果一定要加以定义，那么就是让物品能"轻松"使用、"轻松"整理，养成这样的习惯就 OK 了。

习得一个小小的习惯，也会改变身边的风景。在井然有序的房间里，保持一份从容快乐的心情，不由得会涌出展示些拿手饭菜的冲动、用鲜花装饰房间的激情。日复一日的简单快乐也会在纵横方向潜移默化地延伸。

知"足"

　　在方便使用的收纳方法中，很重要的一点就是"不拥有超过自己生活所需的物品"。许多人都为自己家中物品过多而烦恼。如果物品过多，无论怎么样改变收纳方式，也是无法整理妥当的。

　　例如感觉"貌似很方便"而购买、但是根本不会使用的"存放类"的厨房用品，例如拼命收集购物小票免费领到的、全然不曾使用的手提袋……得到时也许会觉得很幸运，而后它们的存在却成为收纳空间的一种苦恼。

　　产生这种情况是因为已经有了"使用中"的用品；是因为即使不兑换领取，也有足够用的手提袋；是因为我们不去了解我们是否已经足够了，一时被新奇和划算的想法所吸引。

　　并且，那些物品因为花费了我们的银子，浪费了我们的时间，也难以简单地说扔就扔。所以，有些时候不要考虑"划算"这些附加价值，还是面向"物品"本身吧。

三次以上感到"没有它不方便"才可以购买

"啊，这个还没有，要买、要买！"——也许我们偶尔会有这种感觉，此时必须淡定——"没有它不方便"这种感觉至少三次以上，才可以付诸购买行动。如果仅一次觉得"需要"就购买，物品就会源源不断地增多。

数年前，开始新生活时，我没有这个那个的准备，只准备了极少的生活物品。并且，在思考"若非三次以上感到'不方便'就不购买"的过程中，也切身明白了对自己来说，真正需要的到底是什么。

另外，也不能因为着急就买应急的替代品，我会寻找那些能在家庭生活中真正起作用的、每次使用都会得心应手的中意物品，并且期待与之相遇，久而久之，已经养成了品味商品的嗜好。在商店里，把商品放在手中与之对峙："在家里能为我做什么呢？是否可以从今天开始发挥战斗力呢？"用考官的眼光来审度！往家里添置物品与抛弃物品相比要简单得多。正是因为如此，在添置物品时才要设立严格的关卡。

"被盗了是否也没关系呢？"

当今生活中，对于因家中物品过多而苦于收拾的人来说，"处理不使用物品"这项工作也越来越重要且必要起来，但总会有"不使用物品"越多，越觉得"浪费"舍不得扔的时候，然而……仔细想想，我们小心保存的物品是否真的得到重视了呢？物品是为了使用而存在的，明明那个已经不使用了，还要占用收纳空间，甚至还会影响其他经常使用物品的方便使用，这才是真正的浪费吧？

抱着"不使用了，但舍不得扔"强烈念头的人，如果您可以把那些物品打在包装箱中，让它们暂且休眠一年。期间，如果连一次打开的必要都没有，说明这些物品已经没用了，这就是证据。另外，想象一下："如果被盗了，会怎样？"从自己的主观意志出发，扔掉这些物品可能有些困难，如果是不可抗力那就没有办法了，也许还会略感轻松……这样的物品就属于"可抛弃"的范畴。所以带着责任感去挑选，留下来的物品就会映入眼帘。

收纳是"试行"的连续

在 PART 2 里，介绍了我家详细的收纳实例和妙招。哪怕只是一点点，若能成为读者的参考，都是我的荣幸。那时还请您不要忘记，如果一度改善收纳，那么想改变的想法将无法终止，收纳是否方便使用，自己不亲身体验一下是不会清楚的。"放在里面物品的使用机会比想象得要多"、"放进去了，但是难以取出"等等，试行一段时间后才明白的事情远远多于想象。

做一次彻底的大改善，其后再"一点一点地改善"并不特别费事，比试着一点点改变的麻烦相比，前者带来的生活舒适空间会更加持久。并且每次改善之后，对收纳的感觉也会更加敏感起来。

一定要追求舒适！一定要"不是无计可施，决不死心！"这种信念比什么都重要。

成功整理收纳 4 步骤

如果生活中的收纳颇感压抑，不要视而不见，要勇敢地迈出改善的步伐，方法极为简单。

首先，一定要将物品全部拿出来，将分散在不同收纳场所的相同种类的物品（例如餐具）全部拿出放在一起，将所有物品一个一个仔细地审度。

然后，将物品分类。在最后阶段按种类分类是必要的。按"正在使用"、"未使用"来区别是重点。如果这两种物品混淆在一起，就不能有效利用存取方便的收纳场所。沿着使用频率和行动线条，有效地利用高度、深度、场所等各种要素做好收纳。

最后，在放入箱子或袋子等场合要用标签标明。里面的物品一目了然，家里人也能利用自如。规定好固定位置，尽量详细地写明里面的物品。

4 STEPS OF STORAGE

❖❖❖

①不置之不理

"不知道物品在哪里"、"经常使用的东西却很难取出",首先我们要清醒地意识到这些不方便,"我家就这样了"这种自暴自弃、放置不管的想法是错误的!无论什么样的场所,都应该会有比现在更适宜、更方便使用的收纳方法。

↓

②取出全部物品

考虑收纳时,往往只注重收纳用具和收纳场所,其实首先关注的应该是"物品"本身。全部拿出,掌握有什么物品、有多少。只取出一部分物品,改变一下放置位置,这样的收纳无法做到根本性的改善。

↗

③将物品分类

使用频度高　　　　使用频度低

将物品分成"经常使用物品"、"偶尔使用物品"、"模棱两可的物品"。模棱两可的物品里面也包括"今后想使用物品"和"大概不会使用的物品",前者收放在方便使用的地方,后者可以处理掉了。

↓

④适宜性收纳

首先将使用频率高的物品,优先指定在容易取放的固定位置。然后,将几乎不使用的物品放在高处或里面等取放不方便的场所。这样,剩下物品的收纳场所就容易筹划了。

重复购买的收纳用品21

可以归纳为"收纳用品"的物品有很多，但实际上能使用的却是有限的，
实际意义上的收纳物品应该是至少有四角、四边平直、表面水平的简单形状，
可以使用在任何地方的上等物品。

No.1 透明的间隔架

使用间隔架，餐具等不用叠放就
可以收纳，两个物品可以一起取
放。树脂间隔架（从左至右）特
大号 720 日元、大号 540 日元
／无印良品　池袋西武

No.2 无印良品的整理箱

此整理箱可以使用在抽屉里面，
宽约 11.5cm。市面上也有类似
商品，但这种尺寸只有无印良品
有售。PP 整理盒·4180 日元／
无印良品　池袋西武

No.3 各种整理盒

可以根据自身需要在无印良品或
百元店（日元）购买。无印良品
除了 NO.2 尺寸以外，其他一些
尺寸也有售，还有使用在厨房整
理方面的 L、M 规格（从左开始）
105 日元／Seria

No.4 细分盒

细分盒为直角，它的魅力是可以
收纳长筒袜。除了透明盒之外，
也有白色的。系列盒子有 L、M、
S 规格／大创

No.5 厨房整理托盘

放在冰箱、水槽下面等，用于归
纳同类物品，也可以防止液体流
出。冰箱整理托盘 105 日元／
大创

No.6 深型整理盒

多用于蔬菜分类、不常用的客用
杯子的收纳，是可自由堆放的盒
子。大深型 105 日元／大创

No.7 带把手式盒子①

带把手的盒子即使放在高处也容
易取下，四角分明，半透明，可
以看见里面的物品，可广泛使用。
壁橱冷藏盒（从左开始）989 日
元、806 日元／惠比寿

No.8 带把手式盒子②

可以收纳衣服、点心等，方便高
处收纳。因为很轻，可以随意
取出。SKUBB 盒子、白色 3 件
1490 日元／宜家

No.9 提篮

这种提篮是区分归纳物品的万能
选手。RATIONELL VARIERA 盒子、
白色（从外至内）34×24cm　599
日元、24×17cm　399 日元／
宜家

No.10 籐盒

无论放在哪里，都洋溢着夏天的气息。可以使用在橱柜上、地板上，也可以用于盛放零星物品或衣物。长方形藤盒・大 3300 日元／无印良品　池袋西武

No.11 带盖盒子

用于收纳想保存的物品。我是用来收放照片。KASSETT 带盖子、纯天然、分体式 399 日元／日本宜家共 4 个尺寸

No.12 浅口文件架

用于重叠收纳使用频率低的餐具，节省空间和分类收纳。竖着收纳小锅等也很方便。A4 文件架 105 日元／大创

No.13 分隔架

可以作为书挡，也可以用来竖放平底锅等。苯乙烯分隔架（从左向右）3 隔断 893 日元、小号 683 日元／无印良品　池袋西武

No.14 文件架

用于收纳图书和食品等，（左起）丙烯文件架 578 日元、纸楞文件架，5 个 1 组 787 日元／无印良品　池袋西武

No.15 不锈钢架

无法悬挂的厨房用具可以竖着放在里面。ORDNING（左起）厨房用品架 299 日元、餐具架 199 日元／宜家

No.16 吊篮（小号）

可以挂在两根横杆上，也可以固定在橱板上，增加收纳空间。可收纳的物品也是多种多样。挂篮 105 日元／seria

No.17 吊篮（大号）

比 NO.16 大，可按物品及收纳尺寸进行区别使用。OBSERVATOR 夹式篮、银色 399 日元／宜家

No.18 粗格篮

因为有穿透感，所以放在房间里也不会觉得压抑。可以收纳零星物品或大件衣物等。ALGOT 金属篮、白色 350 日元／宜家

No.19 脚轮架

脚轮架上盛放米、水等重物，取出时会特别方便，地板扫除也容易。迷你脚轮架　长方形 210 日元／大创

No.20 料制隔板

使用在半透明盒子上，在前内侧附上塑料制隔板，里面的物品就不那么显眼了。也有小隔板。在家居中心或百元店里可以购入。

No.21 标签打印机

标签打印机是做标签的好搭档，具有手写功能，外表美观、位置稳定而彰显魅力，深受喜欢。标签打印机 PRO SR150　7875 日元　／锦宫

PART 2

Kitchen

　厨房是家中收放物品频率最高的地方。取出料理用具、摆放餐具、将食物转移到密封容器中、洗净诸多用具、收放……诸如此类原本就很繁杂的事情，再加之寻找物品放在哪里、难以取出等"不必要的琐碎"会更加让人头疼。厨房是个不能容忍丝毫不满，永远追求轻松的地方。

　其实，我并非那样地热衷于料理，如果没有一个"易活动"且"被喜爱物品包围"的空间，我会苦于日复一日的料理，所以尽量让常用物品可以随时随手取出。既然要取出，就希望映入眼帘的是喜爱的物品。一直这样坚持不妥协，我的厨房才不负"我"望，功成事遂。

悬挂厨房用具

在杂志上看到"厨房相当于汽车的驾驶室"的说法时，觉得真是"于我心有戚戚焉"，如果用来形容我理想中的厨房那是再恰当不过了，坐着就可以伸手触及所有的开关，就是这种感觉。经常使用的物品可以"一站式"信手拈来，用最少的时间和劳力来完成料理工作，厨房应是这样一个空间。

怎样才能将厨房打造成汽车驾驶室的效果呢？最有效的方法就是将经常使用的用具悬挂起来。平底锅挂在水槽旁边，竹笼屉挂在水槽前面，在必要的场所、必要的时候，伸手就可以没有任何干扰地拿取到用具，相当舒适！如果只限于使用频率一周一次以上的物品，可以不用担心灰尘和油污。

竹笼屉

竹笼屉在捞出焯好的蔬菜时使用，是居家不可忽视的神器。悬挂起来很快就干了，浓浓的生活气息扑面而来。

擦手巾

壁橱下面挂着擦手巾。是亚麻织物厂家"ALDIN"的产品，手感好，花色也很可爱。

砧板

小的方形砧板悬挂在水槽上方的小小挂钩上，大砧板用 S 型挂钩挂在壁橱上，易取易干。

备用抹布和购物袋

水槽下面的门上面挂着两个布兜，一个放着备用的抹布，另一个装着购物袋。

未挂起的物品

不大常用的厨房用具竖放在水槽下面靠里侧的宜家用具架上，这样就可以空出方便拿取的位置，放经常使用的用具。

功能美的憧憬——盐罐

一直想要个装盐的罐子。原来用类似于调酒器的容器盛盐，摇晃着向外撒，但不知道每次能出多少，不能很好地掌握咸淡。如果有个盐罐，用勺子取出，盐量就可以一目了然。并且陶瓷容器具有吸湿性，保存食盐是物尽其用，恰到好处。曾经一度很憧憬有一个这样充满功能美的盐罐。

邂逅这个理想盐罐是在一家叫"Kousha"的器具沙龙店，它可以自由选择盛放物品，给这个"带盖的陶器"起个名字，就叫"我的盐罐"吧！

在厨房选了一个引人注目的位置，放置这个盐罐，从此这里就是它的"道场"了。每当视线落在这个位置，总是受到丝丝鼓舞，有了这个盐罐，终于能做出咸淡适中的美味料理了。

厨房用具的传统成员

拥有洋溢着功能美而且中意的厨房用具，
做饭的欲望和积极性得到很大程度的提高。
真正必要的用具，一定要选择发自内心喜欢的、爱不释手的……

柳宗理
的厨房用具

柳宗理的厨房用具美观
易使用，一点一点购入收
集，对厨房用具不妥协、
不盲从。

不锈钢锅
套装

加上法国 STAUB 品牌的
锅，构成锅具 3 件套。具
有行家风范的大气外观和
高端机能，魅力无限。

STAUB
圆科科特　22cm

这个锅不仅可以煲出香喷
喷的饭，也可以煮菜、做
咖喱。因为外形可爱，所
以几乎不大收起，一直在
外面放置着。

平底煎锅
3兄弟

在宜家、家居中心、无印
良品都能买得到。最小的
煎锅使用频率高些，所以
只把最小的锅悬挂起来，
其他的收放备用。

三谷龙二的
餐具

木勺和冰淇淋用的匙子。
木材削制而成，质朴温醇，
入口触感奇特美妙。

无印良品的
厨房工具

滤酱筛子、计量小锅、迷
你打蛋器。简洁美观、使
用性好，是您无悔的选择。

珐琅壶

"野田珐琅"月兔印长壶。
可以烧煮细磨咖啡，也可
烧水。

油壶

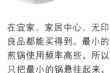

这个油壶是我在网上邂逅
入手的，和曾工作过的咖
啡店里的一模一样，不用
打开壶盖，就可以控制注
入量。

刮板

"残骸"打制的刮板，只
需要简单刮一下脏污的盘
子和锅具，就基本清洁了。

纤维海绵

这个纤维海绵也是在无印
良品购买的，具有结实不
易变形的特点，因为洁白，
清洁感好，所以一直很喜
欢使用。

砧板

砧板有大小两块。大砧板
是来自"木印"，小砧板
来自"isado 工作室"。
搭配使用，非常方便。

OXO削皮器

削皮器通常挂在橱架挂钩
上，是利用率较高的工具。

完善餐具收纳

由于餐具增加，想取出来的餐具不能轻易地取出。不要忽略这样的小压力，这也是改善收纳的良机。

首先，把每天一定要拿出的食器分为"筷子"、"木制品"、"不锈钢制品"，在手边一列排开，然后选择与物品相符的收纳盒分别收纳，例如：木制品用藤盒子、不锈钢制品用树脂盒收纳等。右手前套盒式的迷你盒中，放着每天使用的筷子。平时不大使用的开酒器等指定放在里面的位置。

目前这种格局是经历了3次反复改变，才最后敲定的。使用频率高的收纳场所只有采用最好的收纳方式，才能够格外轻松。

为什么保鲜膜要用盒子收纳？

做饭时经常利用开放式橱架，一个动作，拿取方便，深受喜爱。但也正因为如此，里面的物品一目了然，满目尽是杂乱的物品，厨房整体印象也显得喧嚷无序。

于是，我想了一个办法，在无印良品买了保鲜膜盒子，把保鲜膜放在里面。这样一来，外观简洁大方，冲减了杂乱，与周围保持和谐。另外，包裹食物的保鲜膜价格便宜，也不占地方。完美！赞！

此外，这种盒子款式很多，也可以作为其他物品的包装，可以包的物品有很多，如扫除用的酒精喷雾器、餐洗净、洗手皂等。我认为只要是经常使用、放在表面的物品，一定要修饰成融入整个房间的感觉。

方便使用的替换收纳

家里的调料、茶叶是不是经常未用完就已过保质期？其原因之一就是"没有采取方便使用的收纳"。

购买调料时，一定期待"给餐桌增添一些美味"，有些小兴奋吧！但是否过后也会把其当作生活中的非必需品，而被忘记呢？如果这样，您可以采取一个好的收纳方式，来培养使用习惯。

比如，将袋装调料替换到瓶子中盛放，就可以不用"取下包装袋皮筋后撒出"这样麻烦，也不用担心"撒得过多"，直接"打开盖子倒出"就解决了。可以看到瓶内调料，在瓶子上贴上标签，调料本身的存在感也会更加飙升。替换到瓶子里盛放是一种"易使用、诱发使用"的保存方法哦。

REPACK TO GLASS BOTTLES

❖❖❖

谷类食物的收纳场所

在厨房的开放橱架上增加了无印良品的抽屉，来收纳调料瓶。瓶子上贴有标签，即使摆放在高处也可以知道里面放的是什么。

茶叶、芝麻、谷类食物

因为经常喝茶，所以将茶叶收纳在瓶子中，摆放在开放式橱架上。平时经常使用的几乎都替换到容器中收纳，减少一份压力和担心。

砂糖、胡椒、酱油

玻璃托盘里放着食盐罐、香草盐等，放在炉灶前。酱油、甜料酒、酒换到了调料瓶中，存放在冰箱里。（P39）

常用的替换容器

最左面的容器是在宜家购买的，中间是在网店购买的，右面的是在 nitori 购买的。可以替换到相同种类的容器中收纳，存放到抽屉也方便简单。

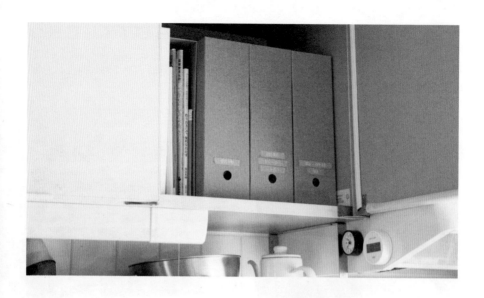

用文件盒储存食材

有没有听说过用平时收纳纸制品的文件盒来存放厨房食材？很方便哦，不仅可以提高收纳量，也符合壁橱的尺寸，还可以按文件盒区分食材。

另外，也要有量化意识——只购买文件盒可以收纳的数量，这样可以防止过量购买。使用完，才会有新的物品补充进去。源源不断增加起来的食材储存要遵循这个模式，远离因为超过保质期而只好抛弃的浪费！

储存的物品

吊门上存储着无印良品的"瓦楞纸台式文件盒"，从左向右收纳着干菜、软罐头食品、面类、砂糖、盐等。

活用上面的空余空间

在卷帘门和墙壁之间通了两根圆棒，其上从左向右摆放了点心、海绵、抹布、药品等。

水槽旁的四轮餐车

这也是拍到的中古品。里面放着盛米的容器及资源盛放箱，盛放箱上层只存放着咖啡、牛奶及豆类，确保料理时使用物品的存放位置。餐车下面的可移动盒子放着耐储存的食材。

厨房角落的架子

在网上拍卖时拍到的中古品。这个中古架子上放置了微波炉、电烤炉、调料、食材等。照片可能看不大清楚，下面的脚轮台上还放着体重计呢。

工作橱架的魅力

我家厨房原有的橱架较小，料理台又狭窄，也没有餐具架。工作橱架和四轮餐车无疑成为了我家厨房中不可缺少的物品。这款业务用橱架的好处是最大限度地张扬了功能性，构造纯朴。因此，可以加抽屉、文件盒等，易改造，在橱架上加磁石，方便使用挂钩。

因为我选择的是没有壁板的开放式橱架，具有前后左右都可以存取的自由魅力。纵深也可以自由使用，收纳零阻碍。

厨房最适合洋溢男子汉气质的橱架了，彰显操作性能，威风大气，这样的厨房气氛，是否会给我们一个好心情呢！

密封容器的盖子

用"三M"(指三菱商事、三井物产、丸红三家公司)的"自由贴"贴在橱门内侧的托盘，上面收纳着一些经常使用的密封容器的盖子。易取易放，增加了收纳量。

密封容器

里面的架子是放置空瓶子的，共3层，外面的架子是由两层构造和台阶构造组成，在增加收纳面积的同时，也带来了取放的便利。

电饭锅

因为现在煲饭全权交给"STAUB"的煮饭器，对于已经好久不用的、并且可以判断真的不需要的、打算放手的电饭锅，用包袱皮包裹好，放置一边让其安享晚年。

密封袋

橱门背面挂着小巧的"自由挂篮"，是在乐天网上商城发现的，里面收纳着密封袋及排水口用的网子。

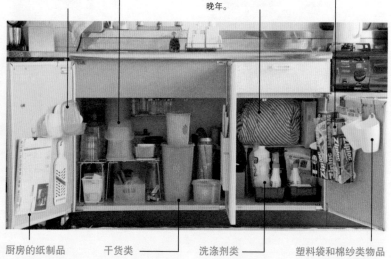

厨房的纸制品

将外卖菜单和垃圾分类的小册子等整理到一起，用两个夹子夹住，挂在粘贴式挂钩上，放在厨门内侧。

干货类

这个容器是在旧货市场发现的，里面盛放着紫菜、麦菜和一种叫美纹藻的经常食用的干燥食品。

洗涤剂类

洗涤剂类收纳在百元店购买的长方形盒子里。如果拿出这个盒子，里面的物品也很容易取出，还可以防止液体流出。

塑料袋和棉纱类物品

S形的挂钩上平行挂着两个百元店(日元)的容器，一个是用来装棉纱类物品(一次性的清洁用抹布)，另一个放置小塑料袋。

　　有门的收纳空间，看不见里面物品，所以往往不太用心，慢慢就乱七八糟了，特别是水槽下面，因为隐藏着管子，收纳难度就会更大。当有些物品想取出而难以取出时，就把一部分甚至全部物品取出来重新收纳吧。

　　其实，不可视而不见的是门内侧。这里绝对是最优位置，开门伸手可及；不用弯腰就可以取出物品。可以粘上托盘，放入物品，也可以贴上挂钩，挂上擦菜器——与其把擦菜器夹在某个缝隙，不如放在一个可以始终轻松取放的位置。橱门内侧是开发收纳可能的最大空间。

炉灶下面的收纳

追求最大的取放便利性

挂钩

橱门内侧贴有宜家购买的扁平挂钩，上面挂着沥篓。正好沥篓本身也有很大的挂环，可以挂在水龙头上，在捞煮熟的面条时很方便。

挂物架

两根横杆上挂着宜家的"夹式挂物篮"，里面放置锅盖。一直难以解决的锅盖的收纳问题轻松搞定！

横杆

在橱柜下面加了两根横杆。这样可以悬挂挂物架和挂钩，轻一些的物品还可以放在两根横杆上面。

档案盒

橱柜里并列摆着两个档案盒，档案盒里竖立着深浅不同的平底锅。以前是重叠放在一个盒子中，现在一个一个分开收纳，更易取出，效果最佳。

冰箱用托盘

这种托盘多使用在冰箱中，是在百元店入手的，上面摆放着使用频率中到低程度的调料，与水槽下面的洗洁精一样，既容易取出，也不用担心液体流出。

挂篮

水槽下面可以有的"小巧自由挂篮"，炉灶下面也可以有。这里盛放着香油、醋等经常使用的调料。

　　燃着灶火，找寻物品时手忙脚乱；物品不易取出，张皇失措，炉灶下面的空间不应该这样。经常使用的调料，要放在一个不用弯腰就可以取出的位置。想象一下，做完料理后，从门内侧轻松地取出香油做"画龙点睛"大功告成时，那感觉是不是很惬意呢？

　　有时锅具收纳还存在锅盖易滑落及不能重叠放置的问题。此时是横杆大显身手的时候了，支撑起两根横杆挂上挂钩，就可以摇身变出锅具的稳定位置。

　　通过轻松方便无压力的收纳，搞定最重要的"加热"及"调味"，快乐料理吧！

餐具只选择喜欢的

对餐具情有独钟，旅行时有光顾当地器皿店的习惯。旅行时购买的物品总会留存些许当时的记忆，所以也格外钟爱。餐具也是工具，只拥有够自己生活用的就可以了。

恰恰因为是每天使用的物品，所以一定要收存自己喜欢的。作为权宜之计暂且购买的物品一般不会让人生恋，等偶遇到喜爱的餐具时，往往就会将其抛弃或打入冷宫，这样的顾忌总是必要的。

亲手烹饪的香喷喷料理，盛放在一见倾心的餐具中，这种感觉是不是很令人期待呢？即便是餐后餐具的清洗工作也不会感到枯燥吧。

点点滴滴，用心经营，朝朝暮暮被精致可爱物品所包围，如此厨房是不是可以满足小女人简单的幸福呢！

钟爱的餐具

YUMIKO IIHOSHI的杯子

这两个杯子是我在镰仓的咖喱日常店的 "okusimon"
入手的，是我一直崇拜的瓷器作家 YUMIKO IIHOSHI
的作品。

茶碗

在京都个人之旅时发现的完美无缺的
茶碗。直到邂逅了这茶碗，感到自己
勉强使用不方便的小钵的 "忍辱负重"
的日子终于明媚起来。

陶艺家——饭高幸作的豆碟

这个小碟盛放佐料或酱油是再合适不过
了，但若盛放曲奇饼也是非常可爱的。
用来招待客人，一定会赢得满满的喜欢。

高台深碟

在金泽旅游时买的，给老公选的是绿色，
我的是米色。这两个高台深碟盛放的料
理，有种特别的美味。

易取出和有余量是重点

使用频率低的密封容器

水槽上面收纳日常使用的密封容器（P32），使用频率低的物品收纳在这里。

因为没有餐具架，餐具只能收纳在水槽上面的壁橱和水槽下面的橱架上。平时经常使用的餐具收纳在开放橱架上，取放简单，伸手即可完成，受到老公的赞扬。

使用频率略低的餐具，放在壁橱下层，使用频率更低的客用餐具等，装到带把手的盒子中，收纳在壁橱上层。按使用频率来分配位置很重要哦。

挂篮收纳

水槽上面挂着一个不锈钢制的吊篮，是玻璃杯和小型砧板的指定位置。清洗过后，直接放置就可以将水沥干，使用时也可以直接取出，超方便。

阶梯式收纳

在百元店购买的300日元的挂架，上面放着茶碗等。制成阶梯式，可以上下放置餐具，并且方便拿取。

饭盒箱

以前用处很多的饭盒箱，现在不大使用了，所以摆到了高处。每当生活变化，收纳也随之变化。

客用杯子

客用杯子放在百元店的带把手的篮子里，放在橱架上层。偶尔使用的客用物品若与普通使用的杯子放在一起，就会抢去好多可以伸手易得的好位置，所以客用杯子要单独另放在高些的位置。

使用频率低的餐具

和上面相同，使用频率低的餐具放在篮子里，收放在上层。即使位置高，如果有把手，也方便取放。贴上标签，防备放着放着就忘了。这些物品在露营时或客人很多时，就可以发挥威力了。

阶梯式收纳

在橱柜上放置了ㄈ字形的无印良品的丙烯树脂隔断架，将后列整理成阶梯式，增加了易拿取的位置。因为是透明的，所以看物品比较方便，宽度也不错，很方便。

悬挂吊篮收纳

原本是放置型的碗架（在百元店购入的），将其倒置悬挂，就变成小盆的指定位置。可以考虑收纳情况及物品的高度，来摆放收纳或悬挂收纳。

冰
箱
内
的
指
定
位
置
管
理

　　冰箱中的重要物品要进行"分区规划"——指定位置管理。若非如此，无论怎么整理，也会在不知不觉中恢复原状，旧戏重演。

　　例如：我们每天早晨食用的酸奶，每次放在不同的地方，往往会因为看不到而认为是没有了。有时想品尝时无法发现，发现时，却已过了保质期……就如同教室里分座位一样，冰箱一定要指定位置，什么位置空着，缺少什么物品要显而易见。

　　所以，建议分类用托盘收纳，并且，为了让全家人都能一目了然，建议在托盘上贴上标签。例如："早餐套装（酸奶及果酱）"、"米饭搭档（纳豆及佃煮）"等。（佃煮：源自日本佃岛地区特产，甜烹海味，以盐、糖、酱油等烹煮鱼、贝、肉、蔬菜和海藻而成的日本食品。味道浓重，存放期较长。）如果购买量超过了消费量就会造成托盘盛放不下，所以可以防止过多购买。

酱油、料酒、甜料酒

中华调料沙司　沙司、醋　过油洋葱

面粉

换装在"cellarmate"的密封容器中，贴上日期标签，放到冰箱中。

盛放在空瓶中，摇撒使用。

豆酱

"野田珐琅"容器

中间是自由空间

为了确保空间足够大，抽出了一块隔板，用来放置需要盛装冰镇食品的锅具类。

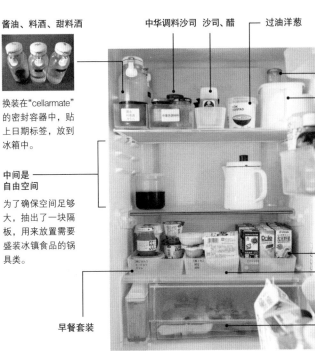

饮料

米饭搭档组合

面类

早餐套装

放入托盘或盒子中，贴上明细标签，不同种类的食品也不会混在一起。拉出托盘，就可以看到里面的食品，易取易放。

不高的物品及易挤坏的物品

使用的蔬菜（盛放在百元店买的四角竹篓里）

蔬菜室

多出的食材写上日期带标签保存

鱼

面里侧盛放大约茄子那么高的食品及密封容器等。稍大的钵盒等容器可直接放入。

前面放瓶身较长的饮料、较长的青菜（摆放在百元店购买的青菜盒中）。

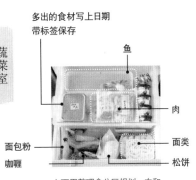

肉

面包粉

咖喱

面类

松饼

青菜基本按其形状进行划分。圆的、长的、薄的。基本还是以"纵向放置"为主。如果叠放，放在最下面的青菜容易忘记了。

上面用整理盒分区规划。肉和鱼分成易使用的分量用保鲜膜包好。下面为了避免里面食品看不清楚，还是采用竖着收纳。千万不要忘了在标签上写明食物名称及日期哟！

厨房收纳

在这里，介绍在整理收纳服务中客户住宅的实际例子。

DATA

客户希望：改善餐具拿取不方便的现状
作业场所：厨房

B E F O R E 　　　A F T E R

桌子旁放有餐车，堵塞了向微波炉移动的路线。将餐车移到了桌子另一侧，行动路线畅通了。另一方面，做饭时可以抬手拿到餐车的物品，也改善了使用性。餐车的移动范围也变得宽广起来，充分发挥了餐车原本的功能。

A F T E R 　 B E F O R E

移动储备水

桌子下面放着储备水，所以只能放一把椅子，将水移到水槽旁边，利用原来位置，夫妻二人的椅子都可以归位了。

A F T E R 　 B E F O R E

橱柜的角度变更

从橱柜里面取东西时，必须要绕弯，将其调整为与操作台平行，这样一回身就可以取到物品，炉灶前的空间也变得宽广起来。

客户的感想

变更了餐车位置，确保了行动路线，桌子下也通畅方便了，心怡厨房一蹴而就，又感受到了刚搬来时那种兴奋感。另外，虽然只改变了放在炉灶背后橱柜的方向，但使用起来更得心应手，从容感也油然而生，可以稳稳当当、不慌不忙地做饭了。

A F T E R 　　　B E F O R E

餐具的收纳

因为没有餐具架，所以必须得收纳在炉灶和水槽下面，中间放上隔板，增加收纳空间。

A F T E R 　　　B E F O R E

锅具的收纳

锅具类分散在餐车和橱柜里，把它们都收集水槽下面，在橱柜门上悬挂经常使用的平底煎锅。

厨房壁橱收纳

DATA

客户希望：可以随时迎接突然来访的客人
作业场所：厨房

AFTER

BEFORE

左侧橱柜

上层是使用频率较低的
葡萄酒杯子和上等餐具
等。存放在纸箱中的物
品为了明确内容物，要
贴上标签。

中间橱柜

上层是使用频率低的餐
具和干酪火锅套装等。
下层是经常使用的器皿，
每个餐具都易取易放，
整齐收纳。

右侧橱柜

上半部分使用文件盒，将
制作点心的工具分隔开
收纳。下面留出些空余，
也可以放些面包什么的。

客户感想

如果收纳方法合适，保持收纳状态极为轻松。不
仅会使房间变得清洁，也会产生"回归追求舒适
生活的习惯"。房间一点点地趋近理想状态——"无
论谁来访，都可以接待"，很 HAPPY。

客户将没有明确位置的物品放置在厨房操作
台和微波炉上，收纳时把物品全部拿下来，
逐一确认是否有必要放在这里。虽然是我做
收纳服务，但还是需要本人亲自判断。并且，
主人"执意"要留下的物品，摆放时要一个
一个地妥善归置，让其散发出自身魅力。

PART 3

Living

　　约 6 张榻榻米的古式房间，与其说是"起居室"，不如说是"内客厅"，因为太狭窄，最初还惴惴不安了一阵子。

　　尽管那样，还是将最少的必要的物品按着各自的作用各就各位、各司其职，随便找什么，都近在咫尺。在这个房间里，可以用餐、电脑上网、工作、化妆、读书，也适合放松。必要物品应有尽有，没有无意义的物品。这里是居家时间最长的地方，所以不想让物品满满溢溢，不想让心情纷乱嘈杂。自然舒适浑然一体，必要物品伸手可及——这样的起居室是我理想的地方。

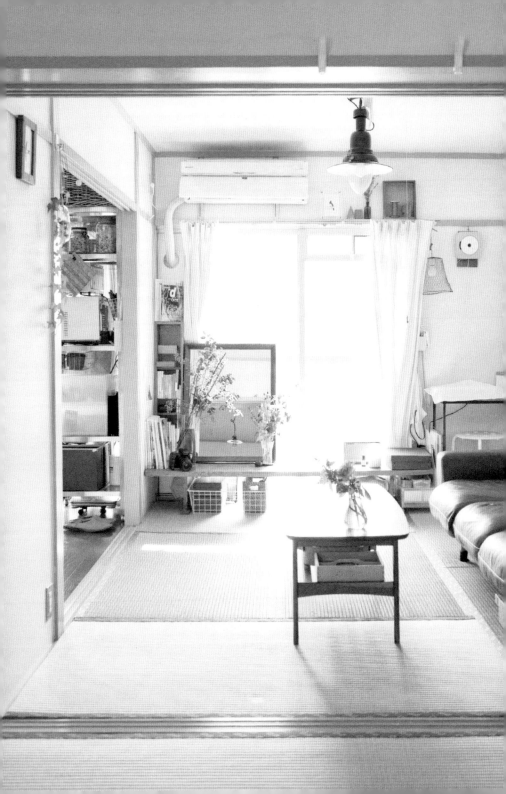

我的理想沙发

　　我喜欢洋溢暖意的家具，偏爱温婉别致的用品。不知不觉，家里摆满了旧式家具及"中古品"。怀念风靡一时的流行款式，也为了穷尽建成 43 年的老房子的魅力，带着岁月印痕的旧式家具、天然简素的物品……有什么会比这些更恰到好处呢？

　　我原本就超喜欢坐在沙发上，静静地体会向阳向暖的生活，与"unico"的 MOLN 皮革沙发一见倾心后便决定要相依相伴。它与古色古香的和室相映生辉，宜倚宜坐，非凡享受！沙发下面放着古老的木箱，放着杂志、相册。这两样物品是我休闲时光里不离不弃的守望。

坐着或侧卧都可以取出，重要的收纳空间。

<h1>给生活添加音符</h1>

左图：无印良品的壁挂式 CD 盒。
右图："BOSE"无线移动扬声器，智能电话的音乐也在这里播放。
简单介绍一下我精心挑选出的音乐：
① "John John Festival"的爱尔兰音乐；
②电影"眼镜"的原声带；
③最初的矢野显子。

因为我家没有电视，基本上是无声空间。休息时或需要集中精力工作时是无可厚非的，做家务或放松时间还是希望能有声音的陪伴。

于是我收集了大量各种流派的音乐或音频，可以在操持家务时，聆听音乐的徜徉，丰盈日复一日的细水长流；可以根据心情选择喜欢的旋律，品味白驹过隙，日暮西山。

听舒缓的音乐不仅可能缓解无聊魇闷的心绪，也可以把人从难以自拔的深思郁结中拯救出来；听一些快节奏的音乐，还可以提高做家务的速度！

我在客户家里做整理收纳服务时也是一样，经常会放一些音乐。有音符跳动的时光，心灵会安静下来，动手效率也变得快一些。

贴近生活的物品放在主要地方

圆形木箱中收纳餐具垫、杯子垫、锅垫等。四角木箱中收纳夹子、指甲刀、体温计、零用钱钱包等。

　　沙发前的茶几是放茶的地方，是事务桌，是餐桌，也是家里人的主要活动场地。这个茶几也是中古品，是5千日元在网上秒杀的！网购时的选择条件设定为"有橱架"，原因是我们家客厅太小，可以盛放琐碎物品而又不惹人注目的位置极为重要。

　　指甲刀、护手霜等必要物品不用起身就可以取出来，每月的零用钱和货到付款等必要款项都放在无印良品的小包里备用，非常方便！与生活密切相关的物品，放在自己常在的位置至关重要。杯垫在厨房使用，放在使用场所——有待整理。

电脑位置和文具架

手工制作的文具架

在笔筒上贴两枚自由贴

↓

贴在墙壁上，也可以揭
下来，但不会留痕迹

↓

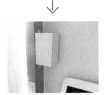

稍用力按压在想粘贴的
位置立即搞定

　　我家的起居室中没有放置手提电脑的位置，但如坐在地板上从事电脑工作太累腰，于是尝试单座的椅子、野营用的桌子等，结果都没能够最终使用下来，最后我把一直深爱的低桌子更换了桌腿儿，终于圆梦了。

　　期待的电脑桌应约而来，就要再重新考虑一下相关的收纳形式。电脑桌比较小，没有放置文具的地方，就在墙壁上贴了一个笔筒，收纳经常使用的笔和剪子等。

　　"把常用物品简洁地收纳在常用场所"是我的收纳信条，这样就可以顺利进行工作。当房间及习惯有变动时，别忘了收纳也要如影随形地改变哟。

物品引导收纳

　　即使不假思索，也会自然而然被物品引导到收纳场所——这才是理想的收纳方法。例如"摘下帽子"→"挂在壁橱的挂钩上"，"买了杯垫"→"放在桌子下面的橱板上"。自然而然的物品导向，没有必要刻意考虑"放在哪儿呢"，就如同将汇集一起的书信按邮编区分，分配到应送达的地点一样。

　　所拥有的物品都可以被引导到收纳场所，如果能保持这种状态，就不会有太大的收纳压力，自然而然地过渡到"规范房间"。

　　话虽如此，但所有物品都恰如其分地规定位置还是很难的，下面介绍解决方法。

纸夹

纸夹是保险类文件、费用明细等一切应保管纸制品的导向位置。我和老公的书信及喜欢的商品广告分开存放。如果自己的保管袋满了，过期的可以直接贴上封签作废弃等处理。

使用频率高的文具

上层物品

电脑桌旁或从一般的办公桌伸手可及的位置放上抽拉式的盒子，收纳经常使用的文具。工作用的文件也放在旁边，同样收纳在桌面或方寸之间。

美容卫生相关的物品

旅行用的、舒适型的、备用的指甲刀等美容、卫生相关的琐碎物品，不用放在起居室，挂在洗手盆下面的橱门内侧的整理袋中。因为这样的固定位置比较宽松且独立，不用犹豫就可以放入物品。

使用频率低的文具

其他文具放在厨房开放架的抽屉里。厨房经常使用的不透明胶带或双尾夹也收纳在这里。

宜家的置物篮中归纳小篓、小盒、零星物品袋等。也临时收纳储存物品（备用物品）、借用物品、预计修理的物品等。

创造收纳退路

　　放置在工作台下面的金属篮，是补充"引导收纳"的重要收纳空间。起居室内，"杂志"、"书籍"、"化妆品"、"文具"、"茶托"、"装饰物"等没有固定位置的物品都放在这里。总之，这里就是一个收集"没有归纳场所物品"的地方。

　　房间里预先准备出一处"不知去向，就放这里"的地方，创造一个暂且放置的"退路"，使家里每天初来乍到的物品也不会成为"迷童"，这样就不用把物品放置在房间的角落中了。

　　当然，"退路"也只是作为一时的权宜场所利用，在退路满盈之前，要分配到合适的收纳场所。分配、处理等在下一部分介绍。

放入镜框，意境就鲜明地浮现出来，明信片也可以是很漂亮的作品。

只选择少量大爱的装饰品

　　记得刚入住时，我如同幼时得到自己的城堡一样兴奋。"想要被喜欢的物品包围的生活"，蜡烛、明信片等物品接踵而来，一一装饰，但房间也越发凌乱起来。加之装饰品不常移动，也容易堆积灰尘。

　　即使是喜欢的物品，如果不能展现其栩栩如生的一面，也就失去了本身存在的意义。意识到这一点后，我开始严格挑选、细斟慢酌，只保留真正喜欢的物品摆设装饰。

生活中选用薄荷香

一位拥有芳香疗法资格的朋友告诉了我薄荷香的好处。

如名字那样，薄荷香具有清凉感，幽香淡爽，纯净心绪，放松心情，具有镇静安神的作用。这也是我喜欢的理由。

我家的香系全是薄荷香，也有混合香料，但主系全是薄荷香，家中的个个角落，都弥漫着淡雅的薄荷味。

香味不过多留存也是微妙之处，香料在房间轻轻一摇，香气就渐渐弥漫起来，可以随意使用。味道不浓不重，一般的男士也可以接受。

室内喷雾等

在寝室橱柜上放着"MARKS&WEB"的室内喷雾和体乳、"ORIGINS"的修复凝胶。

洗发水和护发素

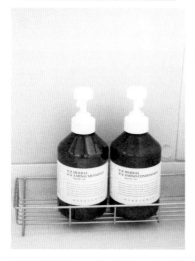

"MARKS&WEB"品牌"WAKE UP"薄荷洗发水和护发素。

洗涤抹巾的水中数滴

洗涤抹巾的水中,滴上数滴无印良品的薄荷精油,具有除臭功能,扫除也是放松。

厕所水箱中数滴

淡淡的清香、悄然而生的整洁感。这就是"香味人生"精油。

洗手间的芳香灯

柔情的灯光,缭绕的芳香"MARKS&WEB"的物品。

＊薄荷有很强的刺激性,所以使用时注意要控制在0.5%以下。薄荷还有驱除困意的效果,所以就寝前不要使用。另外,接触皮肤时,要事先做过敏测试再使用。

不能缺少绿色

　　房间里的花朵或绿植，是房间的新能源。花朵绿植存在的房间，空气水润晶莹，生活丰盈美好。

　　在川口市有一家叫"yadorigi"的花店，每月我总会数次光临，订购些许花花草草。这是我的小奢侈哦。晶莹绿色点缀的房间，怎么会再让凌乱物品来削减其韵味和感觉呢？此时除了义无反顾地整理还能做什么呢？也许这就是美的相互促进作用吧。

　　桌子镜前摆放花瓶，美丽效果立即翻倍；起居室放置大一些的镜子，房间的宽度和进深也会增加，映入眼帘的绿色的分量也增多起来了。大力推荐。

　　不经意的一点绿色，会给我们的生活带来许些晶莹和水意！

准备简单的奖励

　　找一个夕阳染指的黄昏，为自己营造一个人的酒吧。或客厅，或阳台，一个人，一杯啤酒。晚霞有一点点绚丽，心情有一丝丝慵懒，就着照烧豆腐啜饮……幸福！

　　平时一般是普通啤酒，为了奖励辛苦的自己，偶尔也准备些高级啤酒。边欣赏音乐，边喝口啤酒，品味倏然放松、悠然自得的瞬间，心灵的忧郁也随之蒸发，明天继续努力。

　　在距离工作场所很远的日子，总会毅然地在归途为自己多花费750日元，选择一个软席车厢，或啜饮啤酒，或远眺窗外……是对自己最贴心的奖励。

　　"这些小小的奖励，会让我更努力。"准备些简单的奖励，工作也好，心灵也罢，在需要你呵护的时候，不要草率地冷漠忽视，慢下来诚恳而认真地去经营。

PART 4

Closet

　　我家设置的固定收纳除了鞋箱以外，只有一个寝室壁橱。那里放着被褥、衣服、杂货等家里的大部分物品，所以有必要在空间利用上下番功夫，更何况房间里没有放置衣橱的位置。壁橱的特征是容量大和进深深，因此，从里向外放置物品，前面空余大；从外向里放置物品，里面就利用不起来。不产生浪费空间且方便存取任何物品的结构是怎样的呢？

　　原则上应按物品使用频率的高低及壁橱的前后位置等相关因素来利用空间。打开橱门，经常使用的物品就会呈现出笑脸。加抽屉、撑横杆……壁橱是收纳理念的密集空间。

"不被动购买" 的购物建议

家里有很多占据着收纳空间，却几乎不大使用的物品。某些物品与其说是自己想买，不如说是"被迫购买"。

例如：因为"三件打八折"而购买的针织衫，真的有必要买三件吗？最初去店里时，是否就打算买三件呢？这就是因为"划算"而被动购买的例子。"大减价"、"挥泪大甩卖"、"仅此一天"等诱惑，也是如出一辙。

我认为类似这样的销售方式没有从根本上考虑消费者，想买的只是一件，而又没有其他特别需要，怎么样也称不上"划算"。并且买时看起来"划算"的物品，可能很快就变得多余或成为凌乱的因素……

我真心想要的是会长时间使用的"高品质的物品"。为了期待邂逅这样的物品大家一起努力吧。并且，冷静地追求"适量"，是对您钱包"环保"、心灵"疗伤"的购物方法。

叹息"收纳场所不足"之前

"因为物品太多了，补购收纳用品"这种观点太可怕了。如果房间被衣橱或收纳盒子所侵占，使生活空间变狭小、受束缚，那就本末倒置、得不偿失了。服装带来的不是幸福感，而是使房间更狭小的不幸。

明明有足够多的服装，为什么还"失手"购买了呢？那是因为一度喜欢的物品"不能入手有些痛苦"。并不是想要那件衣服，而是过分沉溺自己想要的"那份心情"。

那时可能稍微有些"幽灵附体"，等缓过神儿，从附体中解脱出来时，亲自去店里，拿着衣服仔细揣摩。"嗯，有一件相似的衣服了！""亲爱的，这件衣服放在哪里呢？"这样多问问自己是第一步，然后就可以安心地、释然地拔腿回家了。

另外，建议购买前先考虑一下：自己已有几件？什么样的？把自己的衣服按种类来区分一下。只有清楚自己的拥有量，才能在购买时保持一颗冷静淡定的心。

壁橱全貌

自由利用易使用的空间

壁橱有三扇拉门大小，为了能收放大部分物品，我们反复进行了试错实验。其中支撑横杆起到了惊天动地的作用。将壁橱里的所有空间变身为可以悬挂的收纳空间。如果打算"使用这里的空余空间"，那么请先考虑一下"能不能撑横杆"；另外，抽屉式的盒子，可以按用途或空余位置自由组合，也许会比西装盒子更方便使用。

横杆

纵向支上横杆，将不常穿的衬衫和过季的衣物（例如夏天的外套）挂在抽屉盒后面。

小物袋

无印良品的小物袋，挂在储藏室里，放着皮带及袜子。

左边的四个抽屉

这个抽屉里面放着我们的家居服，其他三个抽屉里放着老公的衬衫。采取卷起竖着收纳的方式，所以使用了较深的抽屉箱。

3 层抽屉

我的衣服收放在这三层抽屉里。上面的篮子里暂时放着穿过还没来得及洗的针织衫和披肩。

被褥

每天使用取放的被褥放在下层，不用放在高处，滑出抽屉就可以放入，很方便。

壁橱用
储藏室衣架

壁橱里设有"IRIS OHYAMA"的储藏室衣架，挂上经常穿的衬衫和和服外褂等。里面收纳老公不怎么弹的吉他和乌克咧咧琴。

滑动式
滑动衣架

壁橱里使用"IRIS OHYAMA"滑动式衣架，放置老公的夹克、厚些的衬衫等，滑动手边的衣架就可以取出里面的物品。

纸板箱

我们两个人工作用的文件收纳在无印良品购入的纸浆板箱内。旁边悬挂盥洗用品的袋子，是琐碎物品的指定位置。里面横向放着棚板，收纳资料及辞典等。

书籍、DVD

有些读过、看过并打算长时间保存的书籍及 DVD 收放在这里。一直控制着拥有量，不超过这个箱子的容量。

包包

支上横杆，放上挂钩，挂着包包。

右下的四个抽屉盒

夫妻二人的棉织品 / 红白喜事使用的零星物品 / 老公的衬衫和领带（不常用的）/ 小钱包、围裙等。零碎物品即使很多，如果贴上标签，也不会放丢了找不到。

使用盒子将衣物『纵向收纳』

　　用抽屉收纳衣服的秘诀是不用将衣服堆积叠放。打开抽屉时，里面的物品都可以一目了然，不会因为看不到某件衣服而忘了穿。把抽屉当成书架，就像摆放书籍一样竖着收纳衣服。

　　其中最起作用的是抽屉中隔断用的盒子，其优点主要有三：

　　①在抽屉中划分区域，每个物品的指定位置都能明明白白。②可以保证拿出一个物品，不会将旁边的物品弄乱变形，可以保证井然有序的状态。③以盒子大小为基准，调整物品的数量。例如：如果打底裤的一列挤得满满的，看一眼就明白不能再买了。

浅盒子

抽屉放置无印良品的"无纺布收纳用分隔盒"，用来收纳贴身上衣，里面分别是衬衫、长袖睡衣等，种类和数量清晰可见。

深盒子

内容物 ↓

老公的衬衫特大，很占地方，所以卷起来竖着收纳。放在有深度的抽屉中摆放三列档案架，摆放整齐，注意哪怕只取出一个也不会影响整列。

大孔盛物篮

将高处的抽屉换成宜家的大孔金属篮，可视性好。

熨烫间隔盒

 →  →

①因为间隔盒是折叠状态销售的，所以最初是带着折痕的。

②垫上一块布，用熨斗熨烫底部……

③熨烫后，折痕基本上看不出来了。特别在意折痕的，可以尝试一下。

不叠起收纳

在叠放洗好的衣物时，有人会感觉到生活美好而滋生幸福感；也有人会觉得百无聊赖，而心生厌烦。无论哪种感觉都没有所谓对错之分，按自己的性情做好收纳就足够了。

例如，我的妈妈就属于后者。衣橱往往会因为纷涌而来的衣物而杂乱无章，于是我建议"挂起衣物，不重叠收纳"，购买了强力横杆和多系列衣架，不再叠放衣物，将衣物挂起。于是，从那天开始，衣橱就变得整齐起来了，平时也是清静和谐的状态。妈妈每天早晨在挑选衣服时，自然流露出从容宽慰的笑容，偶尔还会快乐地喃喃自语。

什么方法都可以，只要让自己的生活变得轻松快乐就是王道。方法因人而异。不要拘泥于"应该这样"，追求"我是这样"就是最正确的选择。

袜子收纳

袜子卷起放在无印良品的"小物收纳袋"中。放得太多就难以挑选，所以请保持自然和适当的数量。我感觉哪怕就几双，轮换着穿也是没有问题的。

篮子收纳

自己喜爱的盛物篮，单是乖巧可爱的外观，就会倍感好心情，也会增强将衣物放进去的动机，防止换下的衣物乱堆放。

睡衣的临时收纳

我和老公两人的睡衣各自放在寝室里的布篮子里，让湿气挥发掉。冬天较厚的家居服也是放在这里。可以叠起，也可以随意放置，并没有严格的限制。

内衣收纳

短裤（内裤）也不叠着收纳，从洗涤夹子取下后，可以随意放置在洗衣角抽屉里，方便收纳，穿用时也特别好找。

不
藏
放
收
纳

　　如果是经常穿着的衣服，可以不考虑收纳，直接将房间墙壁作为指定位置就可以。如同将厨房用具挂起来收纳一样，随手取下立即用比什么都重要。并且，如果是自己特别喜欢的衣服，经常看到也会心花怒放，也可以实现"被喜欢物品包围的生活"。

　　明明衣橱已经很满了，还认为衣服"应该"藏放起来，勉强把常用的衣服也塞进衣橱……因为衣橱处于饱和或亚饱和状态，再向衣橱塞也是特别棘手，就有可能随意堆放在房间，导致房间出现混乱的状况。

　　如果是可以拿出来的衣服，收纳在外面，房间也许是另一种新面貌。

墙围挂钩①

使用墙围挂钩时只需在墙围上拧紧螺丝，固定上挂钩，不用在墙壁上开孔。是租赁房屋的好搭档。透明而不乍眼又很招人喜欢。

墙围挂钩②

这个也是在百元店购入的——"墙围双挂钩"。在悬挂收纳中受欢迎是不用说了，挂帽子、室内晒洗涤的衣服也很方便。

老公的套装

在老公的衣物抽屉旁边挂着老公的套装和熨烫过的衬衫。换洗时，在这里不用多动一步就可以完成一系列活动。

下装

可挂五条裤子的宜家的"BRALLIS"衣架，挂着运动裤。衣服挂在衣架上，直观性特别好，缩短了挑选的时间。

橱柜进深和衣架的利用

横纵支撑的强力横杆。纵向靠里放置使用频率低的物品。

对微调整起作用，彰显横杆的魅力，把横杆放在紧凑的上方，使衣服下摆碰不到下面。

用两个衣架收纳长裙。使用绒毛衣架收纳，衣物不会滑落。

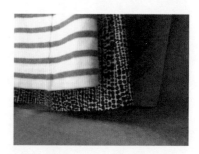

橱内尺寸与我的关系——只要高度超过我的膝盖就是安全高度。

"怎样收纳才好呢？"越是难度高的收纳空间，越会膨胀起我的收纳热情。为了很好地活用进深的空间，我进行了百变尝试。

就像前面叙述的那样，取放不是很方便的里面空间，尽量收纳使用频率低的物品。并且，要考虑留出伸手可能拿出的余地来安排空间。例如：留出手腕进入的缝隙，滑移前面的衣服就可以拿出等等。

另外，比较长的衣服也要放在里面。当然，常穿的就放在外面，不大穿着的，就用两个衣架撑起，使下摆不会碰到橱柜底部。

参照使用频率的内部空间使用术。实际上是否利用妥当，根据空间及使用者不同，情况也是千差万别。单凭想象是没有确切答案的，要亲自实践。

使用标签，掌握具体物品

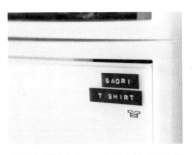

我的衬衫就放在这里。贴上用"打码机"制作的英文标签，是不是很可爱！

把放在里面的物品的明细列出，用"打码机"制作标签。

在不能贴标签的布制收纳盒上挂一个用"打码机"制作的吊牌。

衣架也是，标签是用"中川政七商店"的"牛奶盒"和麻绳做成的"吊牌"。

即便是费尽心思收纳得整整齐齐，有时也会忘记里面的物品，在寻找必要物品时，也会费时费力。为了消除这些"寻找物品的压抑"，重要的就是要使用标签。在这里，以衣橱为例，说一些小妙招。

如果抽屉是分开用的，要用标签标明"谁的"、里面放置的"什么物品"。如果再附上图解或插图，在入目的瞬间，可以反射性地直观理解，很方便。推荐使用在指导孩子整理房间上。

如果是一个地方放置多类物品，那么一定要详细写明。可视化标签，让您不再做"迷童"，物品也能指定放置。如果东西放着放着就忘了，和没有此物品没有什么差别。在增加新物品时，一定把增加的物品也写上去。

更换季节衣物时，是重新改善收纳的绝好机会，同时，掌握拥有衣服的数量，也是今后计划消费的机会。

关于过季衣物，判断"是否有继续保留的意义"后再收放。那时，要在某种程度上减少一些对于衣物的执着，至少，也要把本季节新添置的部分削减掉，否则，衣物会越来越多。

我呢，"不要"的判断基准如下：①本季节一次都没有穿，认为"明年也绝不会穿"，并且"后年也绝不会穿"。②虽然喜欢，但是已经旧了。③与自己年龄不符。尽管这样，还是会舍不得，这时我会对自己说"不能带到下辈子去"，结果，还是颇有效果的……

我家的衣服更换报告

1 从顶柜中拿出冬季衣物

我介绍一下收起夏天服装，更换出冬季衣服的顺序。首先，打开顶柜上的冬季衣物箱子。我和老公两个人合用这一个箱子。这里收纳存放着认为"明年一定要穿"的冬季衣物。打开箱子时，无法吸引眼球的衣物，必须处理掉。

2 挑出不要的夏季服装

这里是着手更换衣物前的所有夏季服装。在这里，把下一季节绝对不穿的、过季的衣服挑选出来。

3 冬天绝对不穿的夏季服装很少

冬季绝对不穿的夏季衣服只有这些，衬衫、针织背心等在冬季也可以作为内搭来穿用，所以保留下来；没袖的衣服也作为两件套的重要搭配，没有收放起来，放在外面。

4 装箱

按同一标准，也挑选出老公的衣服，收纳在衣服箱中。装箱时，由于压放重力衣物被压缩，可以放很多，还可以清楚地看见，是一举两得的好办法。

5 防虫蛀

不要忘了放防虫剂。

6 更换被褥内胆

除了衣服，在换季之际需要更换的还有被褥内胆。夏季物品在洗涤之后，放入衣物压缩袋中抽真空压缩即可，这样特别节省空间。

7 顺便扫除

整理之余，可以顺便打扫橱柜。平时放着衣物，不方便扫除。

8 电风扇也用水清洗

更换衣服的季节，清爽晴朗，也特别适宜收纳整理和小家电清洗等扫除工作。

游泳衣、围巾等季节性物品放在硬塑盒子中。

老公的帽子收纳在无印良品的"贴布式组装箱"中。过季的衣物也放在这里。

我的宝物：杂记、彩纸、日记本（5年的）、相册等的储存盒。

　　不常用的物品放在盒子中，收纳在顶橱里。

　　不常用的、可有可无的物品在没决定固定位置之前，容易散放。经过一段时间尝试，寻找适合的位置。

　　首先，把那些不常用却需要保留的物品收集到一起，然后选定适宜的收纳场所，考虑收纳用具（例如尺寸、材料等），最后使用标签标明，清晰明了地保管。

服装搭配的艺术

选择服装要重视"易搭配性"。有些衣物看起来简单，
但风格造型上的小情趣，会营造出活泼休闲的飘逸感；
也可以用饰品突出品味。
即使服装不多，也有许多彰显个性的艺术。

"KAPITAL"的
宽腿裤和白色衬
衫，搭配上长条
披肩，下面的鞋
子是我第一件定
做品。

"玛格丽特·豪
威尔"的衬衫里
搭配无印良品的
百搭高领衫。

无印良品的"可
穿式羊毛大披
肩"具有卓尔不
凡的实用性，
"FALKE"的红
色袜子用色差效
果强调个性。

包包收纳

这个皮制大提包是今年新买的，大大的开口，
里面的小包包也是丰富有内涵，我是一见倾心。
和房间收纳一样，如果物品有指定位置，
就可以避免找不到或忘记。

包包带子上的铁环挂有无印良
品的小物袋，里面常备面巾纸、
眼药水、唇膏。

包包上挂着专业人士"entoan"
亲手制作的钥匙扣。再也不用
费心找钥匙了。

"包中包"里面可放记事本、
糖果、补妆粉饼等。

实例 3

壁橱收纳

DATA

客户的希望：易使用、无压力的收纳
作业场所：壁橱

BEFORE

AFTER

多出的衣服

如果把房间挂衣架上的衣服全部收纳到壁橱里是放不下的。

改变无法盛放

请客户认真挑选了"今后想继续保留的物品"，处理掉没用的衣物，这样不仅都放进去了，还空出一个盒子。

活用空间

在空间死角撑起横杆，挂上腰带。在门内侧的横杆上挂着较长的衣服。（如上图）

曾经为服装无法放在壁橱内，壁橱内的使用不方便而懊恼。通过这次改善，将所有服装都集中在壁橱里。另外，在外面放着的过季被子也放到橱柜里面了。沉重的、曾经视为压力的脚轮架，从单侧拆下板子作为固定架使用，这样放在它上面的吸尘器就可以轻松地拿出来。客户反映扫除频率提高了。

客户感想

常用物品使用起来更方便了，偶尔使用的物品也更容易寻找了。所有的衣服全部一一展现在眼前，所以搭配也轻车熟路、水到渠成。不大穿的衣服在成为"壁橱的摆设"之前抓紧处理，意识到这一点时，购物自然而然也会慎重起来。

实例 **4**

储藏室收纳

DATA
客户的希望：物品易取易放，消除闲置品
作业场所：储藏室

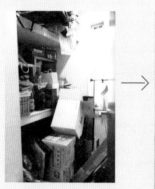

AFTER

BEFORE

上层

上层架子盛放用于露营及滑雪等休闲系列的物品，将橱台倒置，作为隔断。

中层

中层储存拿取次数较多的饮料、洗涤剂。拿取容易了，孩子也可以帮忙补放啤酒。

下层

下层的物品尽量不要直接堆放在地面上，采用悬挂收纳，既方便行走，也易打扫。

曾为壁橱里物品堆积过多，无法触及想使用的物品而烦恼。主要是因为地板上物品过多，造成行走不便。所以，使用频率低、体积又大的休闲用品及季节杂物放在上层，有些应该放在厨房的物品，移动到厨房，也一并协助进行了厨房收纳。

客户感想

壁橱变得十分整洁和舒适。不仅易取易放，购物回来也方便按原位置补充，不会再变得凌乱。并且，改善收纳以后，还养成了一个"怪癖"——经常会考虑这里是不是最佳的收纳场所。一边向家里人洋洋得意地炫耀"这个收纳想法不错吧？"一边确认。

PART 5

走入玄关，洗衣角就呈现在眼前。这是我家的布局风格，不追求"达达主义"的生活气息外露，物品尽量地内敛收放，但也不想不方便使用。在外观上耗费心思的同时，洗涤收纳更要追求良好的使用性。

这里没有固定的收纳用具，所以在洗衣机周围安装上无印良品的"钢制套架"。按顾客必要，架子可以定做，可以挂挂钩的地方很多，悬挂收纳也很方便。这里以洗涤、扫除用品为主，也放置了出浴后使用的毛巾、内衣用的抽屉。附近使用的物品都集中收放在这个架子上。

　　进入玄关，洗衣角便一目了然，是进入我家门的第一道风景，所以考虑尽量减少一些"信息量"，争取不产生杂乱的感觉。

　　这里物品的颜色力求白色，撕下白色容器的商标，使其成为纯白色；一些物品换盛到白色瓶子中；盒子、毛巾等入目的物品也都统一成了白色。半透明的抽屉内，插放了硬塑隔板，这样，里面的物品就不会"原形毕露"了。

　　当然，无论是多么洁白的物品，不使用也就没意义。洗衣角最终追求的是——必要的最小限度的"白色"物品，如此一来，每天的洗涤空间也变得清清爽爽。

伸手所至的范围

　　早晨洗脸时，一伸手，从架子的抽屉中拿出毛巾，然后，伸手取出发卡等使用物品；修眉毛时，专用剪刀就悬挂在手边的小吸盘上；晚上入浴后，站在防滑垫上，伸手就可以从架子上取下浴巾，内衣也放在手边的抽屉中。

　　经常使用的物品收纳在洗手盆附近伸手可取的范围内，每天就不会为了装束而"折腰"，也无须"从其他地方取来"，可以顺利地"更衣"。也有"内衣和其他衣物放在相同地方"这样的收纳说法，但是我还是优先"接近习惯的收纳"，不仅可以减少收纳压力，物品也可以按原处放回，容易保持整洁。

「省时」的洗衣收纳

我家每天的洗涤衣物管理起来非常简单：从阳台上取下衣架，挂在晒衣滑轨上，等晒好后，取下毛巾、内衣，叠起来放在眼前的收纳盒中，整个程序不需要移动一步，就可以完成。此外，化妆工具、美容用品等使用后有必要洗手的物品，都放在洗脸盆旁的洗涤架上。"一站式"完成相关步骤的系统，帮我实现了"省时"&"轻松"。

洗涤用衣架
将衣架归置到不使用的档案架上，可以避免衣架交错到一起，且方便取出。

纸制品 & 布制品
这里盛放的是替换用的地巾、抹布、面巾纸等。

整理用电气制品
吹风机、理发推子等美容、理发整理相关的电气制品等收纳在一起。

洗涤网袋
换下衣服，放入洗衣机洗涤时，为了避免衣物缠绕不易寻找，多使用洗衣网袋。

角型衣架
角型衣架挂在上面的窗帘滑轨上，晾晒洗涤物。准备晾晒时，挂在 S 型挂钩上。

我的内衣
如同前面介绍的那样，内裤就直接放在这里，不用担心会起皱，所以这样就 OK 了。

老公的内衣①
老公的平角裤。裁剪硬塑隔板插在内侧，这样里面物品就不明显了。

卫生纸

用无印良品的藤制篮子来储备卫生纸，只储备这个篮子可以盛放的量。

储备品

洗涤用品、洗发精等日用储备品放在无印良品的"贴布式组装盒"中。

整理用品等

乳液、面巾纸、香喷等放在洗手盆旁。

化妆工具

化妆工具的小盒子放在架子里面，也可以从侧面简单地取出来。使用时，将整个小盒子放在镜子前面使用。

粉末洗涤

把洗衣粉换盛在"J.S.Furniture"购买的搪瓷容器中。正正好好装2kg.

经常使用的日常用品

经常使用的物品直接放在外面就好，例如刷子、眼镜放在悬挂式的篮子里。

老公的内衣②

无印良品的PP箱（丙烯塑料）收纳老公的衬衫。冬季用的短衬裤也放在这里。

毛巾

所有浴巾、毛巾都收纳在金属篮子里面，这个金属篮子是成套盛物箱的补充用品。

洗手盆下面的收纳

用『置下』和『浮出』分隔空间

我家小小的洗漱台，下面的收纳空间也非常小，地面以外的"空中"部分如果不能充分利用，实在是太浪费了。我用"置下"和"浮出"划分空间，活用所有空间。在有限的空间内，究竟有多大的努力余量呢？与空间、物品及收纳用具彻底对话。

短横杆

在管道与墙壁之间也架了一根横杆，可以盛放两根长横杆可以承受的盒子或物品。例如垃圾袋等轻巧物品绝对没关系。

长横杆

洗手盆下面架着横杆，喷雾洗涤用品喷头挂在横杆上。这样的洗涤用品可以不占据地面，可以大大提高收纳量，也可以挂抹布等。

档案盒

档案盒中集中放着柔软剂等常备品。如果储备量过多，档案盒就可能会超过负荷，这样也可以防止过量购买。

带盖子的制作箱

无印良品的带盖子的制作箱可以叠放，很方便。上面收纳棉布，下面收纳隐形眼镜等。

コ形架

通过放置コ形架，可以收纳原放置面积两倍的物品。上面放着小桶，下面放着三得利用品。

82

牙膏的悬挂收纳

　　原来牙膏放在盥洗台橱门里面，门内分为两边，一边放两把牙刷，一边放牙膏。虽说是夫妻，但牙刷挨在一起还是很在意……

　　将牙膏拿出去，两边分别放着各自的牙刷，牙膏用无印良品的金属夹夹上，挂在洗涤架上。牙膏可以带着夹子使用，轻松取下，很方便。顺便把洗面奶也一起挂上，早晨准备梳妆的时光就绰绰有余了！

　　小纠结也解决了，开心！

智慧地分开收放，赞！

休闲时光的洗手间

　　我家很狭小，洗手间也很窄。坐在坐便器上，眼前就是墙壁。尽管这样，这里是一天多次进出的场所。并且，是一处比任何地方都想轻松安然度过的微空间。

　　当初一时兴起，在水池上面及墙壁上做了很多喜欢的装饰。现在的洗手间已经简洁化，看第85页的旧照片，虽然有些难为情，但也能回味起装饰洗手间时的心路历程。

　　最近，在水箱后撑起了横杆，就成了简易架和喷雾洗涤剂的指定位置。伴随着这种变化，存放卫生纸的架子只有两个了（其他移到洗涤架），整体简之若素、洁净大方。

　　风格改变，心情也焕然一新。洗手间是个可以轻松尝试的地方。

BEFORE 1

这是刚搬来时的样子。水箱上面的木框上放着许多火柴盒。

BEFORE 2

稍做改观。顶部排列的卫生纸太显眼了，也容易落灰尘。

AFTER

除臭喷雾

管子上挂着带把手的篮子，里面放着喷雾瓶。

擦手巾

为了隐藏水箱背后的横杆，挂了一条长长的麻布手巾。

木制简易架

在京都买的古色古香的板子，水箱与墙壁之间用横杆撑起，摇身变成了简易架。

绿植

在洗手间摆放鲜活绿植曾是我一度的梦想，装饰后房间也会变得青春明亮起来。

顶部的卫生纸不见了，贴了卡片的木箱子是在埼玉购买的。我装饰洗手间注意两点：首先是清洁感，其次布置要有引人注意的灵感。

画廊

BEFORE　　　AFTER

原来的墙壁装饰着卡片，现在是纪念写真展示场，每次旅行时的照片用隐形胶带贴在墙壁上。

熏香

就如第 53 页介绍的那样，水箱上也安装了熏香灯，也使用了薄荷香。整个洗手间都弥漫着清爽气味。

改善前的喷雾收纳

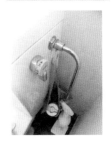

原来喷雾洗涤剂是挂在水箱的管道上，除臭剂放在袋子里挂着。比放在地板上更容易取放，更清洁。

实例 5

棉麻柜收纳

DATA

客户希望：外观美丽，轻松简洁
作业场所：棉麻柜

BEFORE

AFTER

上层	中层（右）	中层（左）	下层
最上层收纳不常用的备用毛巾、过季睡衣、旅行用品。	空出8个抽屉盒，将物品简洁化。将常用的物品收纳在打开一个橱门就能拉出的抽屉里。	在棉麻织物柜内撑强力横杆，挂上衬衫架。毛巾放在外面，比放在抽屉里节省工序，更易取出。	盛放衣物的洗衣篮原来一直放在橱门前，每次打开橱门都要先将其移开，太麻烦，今后将其放在橱柜下层。

这个棉麻织物柜收纳一家四口用的毛巾、内衣、睡衣等。令人焦虑的是橱柜的双开门不全拉开，有些抽屉就不能打开，经常使用的内衣、睡衣的取放非常麻烦。所以把经常使用的毛巾放在了打开单侧门就可以轻松取出的衬衫架上。内衣也分配在打开单侧门就可以拉出的拉盒中。

客户感想

原来的空间临时加了拉盒却不方便使用，现在收纳整理时，发现一切橱柜和抽屉的"配置"及"内容"都符合自己的生活方式，行动轨迹也特别简洁，相当满意。

PART 6

易轻松的扫除术

　　我家没有年底大扫除的概念。"进行一次大扫除吧！"我不擅长这种斗志昂扬的大扫除，而喜欢日常频繁的"微扫除"，其实平常稍微打扫一下就可以保持干净。发现脏污的征兆，不等到"扫除时间"立即扫清"敌情"。

　　所以，房间收纳必须是立即可以扫除的状态，好的收纳是易整理、易打扫。

　　本章介绍的扫除方法并无神奇之处。客户及博客读者经常呼吁"想知道怎么扫除"，及想倾听指导意见，在此我粗略地介绍一下"我的扫除术"，因为简洁方便，相信任何人都可以坚持下去。

易轻松的扫除理论

主张细致扫除

在我整理收纳服务的客户家里，"物品全部拿出"这一步骤后，总是要如火如荼地扫除一番，清洗冰箱的橱板、擦拭炉灶四周……有顽固污渍时，会借用密胺海绵、洗涤剂等，最大限度地除污。必须将扫除过程展示给客户，并且让客户了解到"绿色空间会带来好心情"、"如果做好收纳，平时的扫除也不会痛苦"。

当一个场所变得干净之后，有时客户会触类旁通，自发地检讨"这里也不行，那里还需要改进"，并开始扫清。在收纳系统已经完善的空间里，会诱导上升到细致整理和扫除的新阶段。

并且，"细致"所需要的是"简便性"。认为"这里脏了"时，旁边就会有棉布或密胺海绵，在易拿取的地方有吸尘器及抹布……这些就足以产生"扫除 / 不扫除"的差别。一点点小麻烦就有可能成为"日后不想做"的动机。扫除用具尽可能地准备在经常使用的场所。

原则上不作"地面收纳"

到本页为止，我零零散散地介绍了"悬挂"收纳，悬挂收纳具有提高收纳量、易拿取、易扫除这些优点。每次使用吸尘器、使用抹布，逐一地移开地板上的物品太麻烦了，这样细微的事情，也会减弱扫除动机，不愿经常扫除，而成为房间脏污积攒的要因。

在我家，扫除用具也尽量悬挂，仔细看看，厨架下面放置的体重计、蔬菜柜也都没有挨上地板。因为有脚轮，所以可以方便地移开，用抹布清除灰尘。

选择自己可持续的扫除方法

意识到自己的重负——因为"必须扫除"而扫除，没有比这再痛苦的事情了，其实完全可以把打扫房间作为一件轻松的事情。

重要的是，自己可以坚持下去——将愉快扫除作为习惯。如果有"不经常扫除，抽时间彻底扫除"这样的扫除习惯，房间脏污时期可能会长些。而坚持轻松地"经常扫除"，方便并且房间清洁。

扫除用具仅此而已

扫除用具按用途细分，可分为"○使用"、"△适用"。
但是，如果扫除用具摆成一排，
我们是否还能轻松愉快地扫除呢？扫除用具尽可能精减，简单即可。

No.1 迷你便捷式拖布

我的扫除模式是左手吸尘器，右手棉绒掸子，无印良品的迷你掸子可用水可清洗，能多次使用，消灭灰尘决不留情。

No.2 棉布

棉布是从旧衣物上剪下的一次性布头。发现脏污时，就是它大显身手的时机，会立即擦拭干净。立即抛弃有些可惜，所以不禁这儿那儿地到处擦拭。

No.3 海绵

右手边的密胺海绵不用洗涤剂也可以去除油污水垢，是扫除的法宝。左边是无印良品的"聚氨酯浴室海绵"从浴缸到墙壁都可以使用。

No.4 无线吸尘器

"牧田"吸尘器。单手就可以使用，简单、自由移动感好。比带线吸尘器拥有更自由、更方便使用的优点。

No.5 厕所用刷子

宜家的"BOLMEN"，简洁大方，价格便宜物超所值。（89日元！）一年换一次就可以保持清洁。

No.6 铁皮桶

即使狭小的房间，也不会碍事——在"Bshop"购买的居家扫除擦拭用小巧铁皮桶。大号的可以使用在清理阳台和洗车时。

No.7 酒精

使用在擦拭厨房和盥洗台上。将棉布略微沾湿，酒精会发挥出更好的作用，也可以实现除菌效果。

No.8 洗涤剂类

从右手边开始分别是浴室清洁剂、洗手间清洁剂、强力除霉喷雾、厨房泡沫喷雾。尽量限定清洁剂的数量。左边两个清洁剂一般都是带着标签。

插入篇

No.9 阳台用扫除用具

从右手边开始是扫帚、畚箕、甲板刷、除草手套。阳台用物品悬挂在门内侧的横杆上。

扫除用具的收纳场所

经常使用的物品要放在使用场所。

扫除用具也不例外。

"扫除用具"这一大范畴的各个物品，不能全部放在相同的地方。

便捷式拖布

便捷式拖布挂在厨房的开放式橱柜旁，位置距离经常使用的橱柜及起居室很近。

棉纱布

棉纱布放在经常使用的位置，盥洗台下面和厨房的两处，用来去除油污及黏液。

海绵

密胺海绵剪下后放在水池下面。浴缸用海绵和浴缸清洁剂一起放在浴缸旁。

无线吸尘器

无线吸尘器挂在洗衣架房间侧的S形挂钩上，使用时，可以一下子取下。

厕所刷子

厕所刷子放在坐便器后侧。这个刷子特别轻，清理时也特别省力。

铁皮桶

小的铁皮桶放在盥洗台下面，大的放在阳台仓库里面。

酒精

酒精放在白色容器中，挂在餐具架上。即使看得见，也不会感到不协调。

洗涤类

盥洗台用的酒精放在盥洗台旁，厕所清洁剂放在洗手间里等，分别放在使用场所。

※普遍认为塑料容器的耐药性很强，但选择酒精、洗涤剂类的换装容器时，还是请遵守厂家说明。
※喷雾容器的悬挂收纳制造厂家是不推荐的，需要使用人自身注意产品的劣化现象，自己承担责任。

厨房的扫除

我喜欢干净，但也怕麻烦。对于物品多、水垢及油污堆积的厨房，更是想用最少的劳动保持清洁。

平时就养成"随手擦拭"的习惯。例如：自来水龙头周围易生水垢，重点是要在每次洗碗后，要擦干水。料理中也同样，要随时擦拭工作台。如果养成拿着抹布时，自然而然伸手擦拭水管这样的习惯，那么即使不是特意擦拭，平时也能保持干净的状态。

水管周围熠熠生辉，厨房就会全然不同，心情会顿时好起来，也会提高做饭和整理的积极性。

扫除频度

炉灶

擦料理台时，同时用台布巾把炉灶也擦拭了，有时喷些酒精用棉布擦拭炉灶。火撑子也每次都擦，不会太脏，但如果发旧，就使用密胺海绵擦拭。

冰箱

冰箱内的物品减少，露出橱板和底部时，"哎！脏了"发现时，就要立即用酒精除菌擦拭。食品放在大的方形托盘里，所以拿出来擦拭也很简单。

厨房的排水口

处理食品的地方总想保持清洁。

但是排水口易脏，清理起来也较费事……

我每周一两次清理排水口，那时我总会将此重任拜托给厨房漂白剂。

①把排水品的相关部件都摆在水槽里

在每周两次倒垃圾的日子，我会把排水口的整套网子扔掉，随便把其中的相关部件也取出，摆放在水槽里，偶尔沥水篮子也一起清理。

↓

②使用厨房漂白剂

喷上厨房泡沫漂白剂，立即被泡沫所包围。但必须注意开窗换气或开换气扇，还要注意不要与其他液体混在一起。

↓

③喷雾后放置 5 分钟

放置 5 分钟，可以做其他事情，即使是繁忙的早晨，也不是负担。

④流水冲洗

泡沫消失时，立即用流水彻底冲洗。

↓

⑤这样就可以了

使用扫除用海绵轻轻擦拭，去除粘着物。

↓

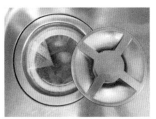

⑥换上清洗后的部件

这种清理方法，排水口就不会结上顽固污渍。

起居室的扫除

用餐、工作、休闲……在家中，家里人所处时间最长的是起居室。因我家的起居室与厨房相连，所以是需要第一费心清理的地方。

舒适的空间，心灵才会得到释放，所以扫除一定不能积攒。看到不妥立即拿起便捷式掸子或无线吸尘器清理。拿着便携式掸子擦拭灯管、灯罩，然后顺便擦拭桌椅。这是我的扫除习惯，接近于无意识的一系列动作。

无意中发现灰尘时，"必须弄干净，必须弄干净"这样继续考虑的时间太费神，还是迅速反应、马上行动，心情才会更轻松、更舒畅。

镜子

我家客厅的镜子，不仅为了每天整理仪表，更是为了将房间映照得宽敞明亮。不希望映照出的房间充满灰尘，用掸子从镜子开始清理。

沙发

沙发的靠背、沙发后框、扶手等是灰尘易堆积的地方，平时要常用掸子打扫。容易遗忘的地方我们才要养成经常扫除的习惯。

高 中 低

清水擦拭

用餐前后、品茶之余，用清水抹巾擦拭餐桌。擦拭时，小件物品下面的架子也随手一起擦拭。橱柜上面、窗帘轨道、空调表面等也要一个月左右用水擦一次。

高 中 低

吸尘器清洁

用吸尘器清洁榻榻米简单方便，沿着榻榻米的接缝清洁，无线吸尘器可以自由使用，通常用来处理一下在意的位置及一个房间。并不需要整个房子频繁地用吸尘器清理。

高 中 低

纱窗

纱窗脏污，可用湿毛巾擦拭。虽然不能全部擦净，但我认为抹巾变脏的部分就是工作成绩……脏污堆积很多时，可以在洗手间用淋浴冲洗，用海绵用力擦搓。

高 中 低

抹巾清洁

选一个晴朗的日子，推开窗户，做一下榻榻米的清洁。在清洁水中滴上几滴薄荷精油，不仅可以散发出清爽的香气，还具有除臭效果。置身室内，心情随之舒畅爽快。

壁橱的扫除

壁橱里面算不上易扫除的地方。因为空间封闭且狭窄，光线不明亮，所以衣服或被褥的灰尘易堆积。越是想"应该彻底打扫"，越会不愿动手，所以要怀着"简单打扫总比不打扫要好"的心情，最大努力地仔细清除灰尘。

无论是自己家，还是客户家，我在制定收纳计划时，一定斟酌是不是"易打扫的收纳形式"，特别是像壁橱、盥洗室这种非"一念起"平时易疏于打扫的地方，总想将其布置成"意识到脏了，就可以轻松打扫"的形式。壁橱干干净净，每天才有选择衣服的好心情。

掸子清洁

抽屉上方、收纳盒的边缘如果落上灰尘，用掸子就可以打扫得很干净。一定要在灰尘堆积前清理，否则，就会措手不及，更加麻烦。

吸尘器清理

偶尔挪开帘子，用吸尘器吸除衣橱里面的灰尘。借机，在帘子下面放些遇阳光可恢复生机的除湿剂。湿度管理也是绿色空间不可欠缺的项目之一。

偶尔的清水擦拭

用穿旧的T恤等做抹布蘸水擦拭壁橱衣架的固定撑杆，可以将底部橱板也一起擦拭，壁橱边角有小台阶的地方容易堆积灰尘，要用棉纱布擦拭。

洗手盆的扫除

我家昭和时代的房间是怀旧复古情调的，洗手盆的大小是现在的一半，或许没有一半大，是那种可以让你吃惊的狭小。所以，洗脸时，水花总会飞溅出去，洗手盆周围总是湿淋淋的。自然，每次洗脸时就养成了擦拭洗手盆周围的习惯。每次再找抹巾什么的太麻烦了，所以就直接用擦脸的毛巾擦拭，然后直接放到洗衣机中洗涤。但毛巾只用一次就洗涤太辛苦，所以改用一小块方巾。

当初令我困惑一时的狭小洗手盆，为了使其周围没有湿气，没有脏污，保持日常的清洁，竟让我养成了这样的好习惯。收纳空间狭小而拥有物品过多，这样的生活也不失养成好习惯的上等机会，好事情、坏事情，原本就没有那么泾渭分明。

擦脸用的方巾

用擦脸用的方巾，简单擦拭飞溅上水珠的洗手盆后，立即放入洗衣机中。因为是一直都很干净的地方，用毛巾擦拭也是没有问题的。

海绵清理水垢

自然堆积的水垢，约每周一次用密胺海绵擦拭就可以除去，并不是长时间沉积，不会留下太顽固的污渍，简单擦拭就可以搞定，倍爽！

绿苔清理

尽管十分小心，还是长了绿苔，这时就要用强力除菌喷雾来去污除菌了。如果没有脏到这种程度，用棉纱布沾些酒精就可以擦拭干净。

浴室的扫除

　　浴室的扫除基本是在入浴中进行。发现污垢，立即当场开始打扫。在入浴时打扫，无论水花怎么飞溅，也不用在意。另外只是简单清理，也不会影响放松的时间。相反，看到浴室干净起来了，会得到更深程度的放松。

　　扫除并不是只为自己，也是对下一个入浴人的体贴，怀着对家人珍爱而进行的扫除，与不得不做的硬性扫除是不一样的。不是单纯的"利己主义"，也是为了家里人和客人入浴时的好心情，与收纳一样，扫除也是对以后的一份投资。

高 中 低

边入浴边进行

每周两三次，入浴时发现了污垢，立即用浴室万洁灵和海绵进行擦拭。浴缸、地板及洗脸盆都用同样的海绵。

高 中 低

排水口清洁

与厨房一样，排水口交给除菌喷雾，约一周一次。取下排水口处的配件，用泡沫包围，放置5分钟左右，用清水冲净即可。

高 中 低

浴室整体清洁

每月都要进行几次浴室的不定期整体扫除，用海绵擦拭，专门清扫。窗户也要用淋浴头冲洗打扫。

洗手间的扫除

　　现在市面上销售的洗手间清洁用品种类很多：除霉的、喷雾的……好多商品不由得想去试用，但是因为空间有限，如果摆放过多的洗涤用品，只会占地方并且妨碍扫除。

　　所以我决定洗手间里，坐便器、地板等所有位置都只用浴室万洁灵，搭配刷子及卫生纸作为清理合作伙伴。既可以除污，又不会感到不方便。

　　洗手间与浴室一样，要怀着为自己和下一个使用人的心情去扫除。洗手间看不见污垢才能保持一个好心情，洗手间脏污前的预防扫除比其他任何房间都重要，为了可以认真仔细地进行，扫除尽可能要简约方便。

卫生纸和浴室万洁灵

坐便器的边缘也可以使用薄布等专用物品，但考虑到存放还需要占地方，所以我只用万洁灵和卫生纸。可以擦拭得很干净，坐便器、地板及其他地方也可以这样打扫。

坐便器内

坐便器内部用浴室万洁灵，用刷子刷洗就可以。如果坐便器染上污圈或带有黑色，会让人生厌，为了打造"喜欢去"的洗手间，要仔细地清理。

洗手间地板

洗手间地板容易堆积不易发现的污垢，每月两三次用万洁灵和洗手间抹巾来擦拭。使用后的抹巾清洗后，晒干收纳在洗手盆下面（第82页）。

煮洗毛巾

偶尔会发现洁白的毛巾有些发粉红色。

据说是因为沾上空气中的酵母菌，酵母菌繁殖，毛巾才变成粉红色。

在网上搜了搜妙招，终于找到了"煮洗"这种方法。

①水盆中手洗

首先手洗，其实最好是洗衣粉，如果没有也可以用肥皂搓洗。再放入一大杯左右的氧化系的漂白剂。

③煮

然后直接转移到不锈钢或搪瓷的锅里，3块棉毛巾用文火慢煮，15～20分钟后，用衔铁捞上来……洁白如新。

②使用既有物品

使用平时家里有的肥皂和漂白剂即可。如果有，建议使用漂白作用稳定的、可使用在鲜艳颜色上的氧化系漂白剂。

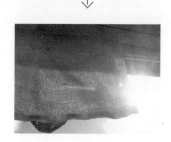

④阳光下充分晒干

煮后用洗衣机清洗，脱水后放阳光下晒干。碧空下飘扬的衣物，清爽洁白，有着阳光的味道哦！浴室的毛巾也可以同样煮洗啊。

洗衣机滚筒的清理

发现洗净的毛巾上粘有如绿苔一样的污垢，就要清理下洗衣机滚筒了。
最初我尝试着用温水和漂白剂洗净。

①选用氧系漂白剂

我常用的是图中漂白剂或氧系漂白剂，都是网购的。

↓

②储满温水

向滚筒里倒满30℃～50℃的温水。

↓

③放入氧系漂白剂，旋转

放入300g～600g漂白剂，在洗涤模式旋转片刻。

④仅数分钟后……

数分钟后再一看，哇～～～眼看污垢都漂浮起来了，好恐怖！

↓

⑤最后清水旋转

放置一晚到第二天早晨，大部分污垢都已沉底，捞出污垢，再旋转。
最后，用清水旋转两次结束。

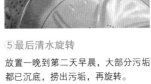

因为不容易发现就懈怠了维护，久而久之就出现毛骨悚然的情况，那以后，每年数次，我都用这样的方法除污垢。

我家的垃圾桶故事

　　有的住宅，为了让垃圾桶的存在不太引人注目，而将垃圾桶完全隐藏起来。但是不方便倒垃圾的垃圾桶，其存在也会跌值。

　　我家是地方狭窄、垃圾桶却很多的住户。有可能丢垃圾的位置都设置了垃圾桶。设置位置醒目，所以要放置自己喜欢风格的垃圾桶。必须结合室内布置，让其存在提高整体功能性。在垃圾桶选用上使用心思，选择适合于各个场所的物品，相信房间的情调也会丰满起来。

　　我家的这个垃圾桶简洁大方而人性化，具有识别功能，可以自动安静地落下盖子，并拥有别致的过滤网……是我果断入手的爱物，物超所值。

起居室

在宜家购买的物美价廉的垃圾桶。简洁内敛，带有上盖，看不到桶内垃圾，因此入手。

资源垃圾的临时存放

无印良品的硬塑盛物盒，作为资源垃圾桶，不设置盖子，临时存放可再利用的轻巧物品。

盥洗台旁

无印良品的纸篓放在盥洗台旁，作为垃圾桶。浴缸排水口及整理时产生的垃圾都可以丢在这里。

阳台上的资源垃圾桶

"nitori"的折叠垃圾桶，里面挂着三个存储袋，分别盛放罐子、玻璃瓶子、塑料瓶等可再利用的废品。

『每月一次清水擦拭日』保持清洁

　　虽说每月一次，但并不是大扫除。如果计算时间的话，总计也就 10～20 分钟。旧 T 恤及旧毛巾改作抹巾，在木桶里盛上清水，滴上些薄荷精油，清爽指数 UP！并且，抛弃时也不会心疼了，为了让抹布发挥最大使用价值，将各个位置彻底擦拭，到最后清洁玄关榻榻米时，抹布几乎面目全非、物尽所用——抛弃！

　　这样每月一次左右的清水擦拭，包括了平时简单扫除时关照不到的地方，就可以省略年末大扫除了。

　　扫除并不在于方法和工具，而在于是做还是不做。虽然只是简单地用清水擦拭，擦拭后的瞬间，就会奖励你一个洁净的世界。

PART 7

更轻松的生活创意！

居室无论大小，收纳空间无论多少，总是各有利弊。找到轻松生活的方法，一切都会"月圆是诗，月缺是画"。我家的起居室及盥洗室的收纳空间过少，橱室收纳过于宽敞，经过多年摸索，终于找到适合的收纳方法。

每个人的住房、喜好、生活方式都不一样，用心去寻找，发现扬长避短的创意才是霸主！

谈到这个话题，收集了一些我的生活创意，当然不仅限于收纳。即使我们的生活，不会转眼间变成"最佳状态"，但是如果正在不断地启发着我们向"最佳状态"持续更新，不也是"不亦乐乎？"

玄关门的磁石收纳

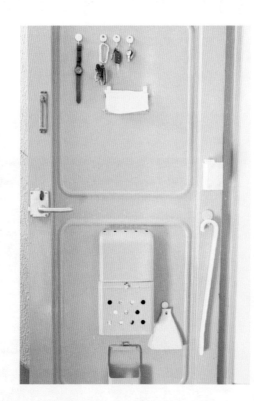

各种钥匙。磁石上贴着各种手绘标记，显而易见。

百元店的盒子上贴上磁石，不偏不倚。

鞋拔子放在不碍事的地方，可收可放。

玄关榻榻米扫除用的无印良品的笤帚（带簸箕）。

　　玄关上挂着各种各样的物品，房间钥匙、车钥匙、鞋拔子、笤帚等。出门时，又要拿物品，又要穿鞋子，玄关总是匆忙印痕较浓的地方，所有必要物品一站式拿取会给你意想不到的惊喜。身兼此重任的是玄关上的磁石式铝挂钩，在无印良品购买，拿取自如、使用性强。

　　另外，旁边放着冬天用的护手霜，提醒经常使用；也放有化妆盒，放着夏季用的防晒霜。有些应该使用的物品恰恰是我们在不经意间会忘记的，这样的物品在收纳上下功夫，就会起到立竿见影的效果。易忘的物品一定要放在醒目的地方，如果出门易忘物品，玄关是典型的节点控制台——"想养成好惯，那么改变收纳吧"。

无限大
？
！
横杆的可能性

外套只有在外出时才会发挥其使命，如果被深藏在家中某个橱底，就没有意义了。因为体积较大又占地方，所以它的存在几乎是碍手碍脚……如此考虑，我最终把最适合外套存在的场所定为房间的出入口——玄关。

但是我家的玄关较窄，没有地方放置外套衣架。所以我想到了"能否撑根横杆呢？"

于是，我在玄关上面的空间发现了一个位置，可以撑横杆，再放上衣架，就摇身一变，成为外套的指定场所了！如果横杆是撑重强的，可以挂放我们两个人的外套。

考虑增加新家具前，还是积极开动小宇宙，用一根横杆解决收纳难题，不也是一种尝试吗？

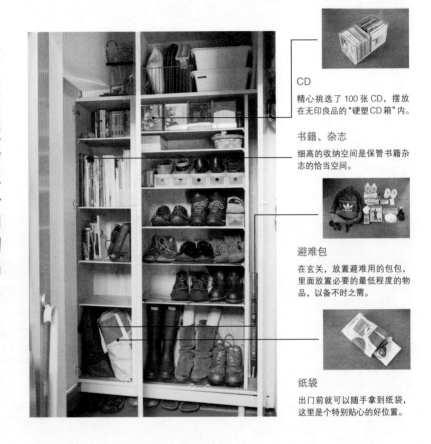

鞋箱收纳鞋子以外的物品

CD

精心挑选了 100 张 CD，摆放在无印良品的"硬塑 CD 箱"内。

书籍、杂志

细高的收纳空间是保管书籍杂志的恰当空间。

避难包

在玄关，放置避难用的包包，里面放置必要的最低程度的物品，以备不时之需。

纸袋

出门前就可以随手拿到纸袋，这里是个特别贴心的好位置。

除了壁橱，我家固定性收纳就只有鞋橱了。这样收纳量有限的宝贵空间，没有必要都用鞋子来堆满。

鞋橱上部和靠近房间侧的橱柜，用来收纳日常用品，因为纵深方向很合适，所以把老公的 CD 盒放在这里，规定出固定位置，收放尺寸合适的 CD 盒，来防止 CD 无休止的增加。

因为工作时大多时候需要携带物品，所以将纸袋也放在玄关。考虑生活的移动路线，将鞋橱作为其他物品的指定位置，有很多方便之处。抛弃"这种收纳应该把这个放在这里"这样的概念，无论什么时候，都要经常考虑"最方便地利用物品"。

玄关放置喜欢的香型

鞋箱上面放着无印良品的室内香油"reflation 持久型"，打开门，进入玄关的瞬间，沿着香藤棒袅袅飘起的清爽香气迎面而来。

我总是相信，家是带有生活气息的地方，习惯了自己家的味道，久而久之会不觉其香。但是，一旦室内香油用尽了，旁边厨房下水道的霉味有时就会乘虚而入，那时"终于回到家了"的安心释然就会荡然无存。

如果可能，每天都想回到一个洋溢优雅味道的居家，在那里欢迎家人，招待朋友。弥漫着幽幽淡香的居家，流淌着爱意，是让我们用心经营的地方。

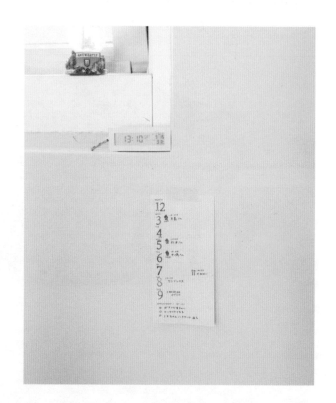

　　"drop around" 的 "Weekly Paper" 这个便签纸上只有星期表示，再加印上日期，填写计划，贴在洗手间的墙壁上。周日时，写上下一周的工作、就餐计划等，这是我们为了迎接崭新一周的习惯，虽然可能会发生变化，但也可以方便地把握对方的计划。

　　还记得学生时代，经常把备考用单词贴在洗手间里来强化记忆，因为在洗手间时眼睛比较"空闲"，如果有可阅读的语言一定会看见的。妈妈原来也经常把让我阅读的报纸裁剪下来，贴在洗手间里。

　　这种方法，不仅可以掌握自己和家里人的计划，还可以成为聊天的话题，所以强烈推荐。

便签做成待办事项表

　　"坏了的眼镜，还没来得及去修理"、"礼服必须送洗衣房"……

　　生活中有许多琐碎的小事，会在我们不经意间忘了处理，"如果早点做就好了……"会不会总有这样的郁闷堆积在心头？

　　于是，做一个这样的表格，贴在冰箱上。首先区分开"待办事项"和"已办事项"，把生活琐事写在附签上，贴在相关区域。已经完成后就移到"已办事项"区域。如果已经开始处理的事项，可以把它移动到两个区域的交界处。

　　通过把应该处理的事项可视化，可以减少我们说"又忘了"，这是第一优点。并且，便签的好处是可以自由移动，可以将即将完成的日常琐事总结到一起，有利于头脑中的整理。

老公口袋物品的归置场所

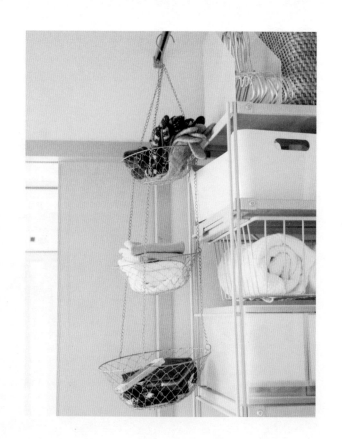

　　粗犷豪放大大咧咧的老公，经常把口袋里的物品无意识地乱放，然后每天都在："哎～～，放哪儿了？"……

　　于是，我在玄关附近的洗衣区的架上留出了一块专用地方，来放老公口袋中的物品。老公回来后，把钱包、手表、香烟、笔等放到眼前的篮子里就 OK 了，第二天早晨外出时，再将这些物品一一放到衣袋里，这样就不会遗忘物品了。

　　这种方法特别简洁，可以顺理成章地养成习惯。准备出放置场所会起到明显效果。

　　顺便在篮子中预备了手帕，老公也好，我也好，经常走到玄关才想起"哇～还没带手帕！"这样就可以一步也不用返回，从这里拿上手帕自在出门了。

库存品控制在最小限度

　　食材也好，生活用品也好，库存越多，储存位置及管理就越麻烦。并且在并不宽裕的空间里，还要放置两三件卫生纸及洗涤用品备用吧？另外您是否了解家中的毛巾数量呢？

　　也许习惯了身边的风景，自然而然都不愿再多思考。但务必要再迈出一步，看看家里的库存备品类。是否存在着过量储备？是否被没必要的物品占据着位置？这些物品所利用的位置有可能会影响到常用物品的取放。

我家的毛巾全部合起来只有这些。

定做家计账簿

　　我是一个有笔记本情结的人。喜欢用自己的手亲自记录信息，或裁剪素材粘贴整理，家计账簿也是从学生时代开始一直坚持记录。

　　最开始是购买简单的家计账簿，欢天喜地地使用了些日子，后来想规划"银行卡取款日"及"使用履历"栏目，就自己补充。其间，又想把老公和我的银行卡区分开来，把手机电话费用也另行分开记录等，需要随之增加起来……最后，用 Excel 制成了理想的家计账簿。打印出来的部分贴在普通的笔记本上，最后满意的家计簿就圆满成功了。家计账簿的项目因家庭而异，制作方便使用的格式就好。

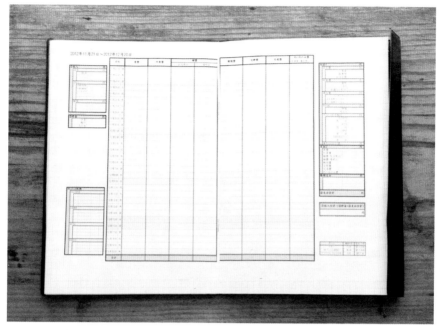

包罗万象的家计账簿

我将家计账簿的支出一栏分为 8 个项目。在"生活费"中,"生活用品"和"嗜好品"可以放在一起,但因为比重相差太多,还是将他们分开了。我和老公共有 4 张银行卡,我做了很多项目栏,取款确认也容易了。

贴发票的一页

在笔记本后面贴着电费发票,保管到一起。只有交过的才剪下来,贴时注意可以看到日期及金额即可,要重叠粘贴,节省位置。这样就可以掌握每年的电费有多大变化。

医疗费用单的保管

在报销时也许会使用到医疗费用单,将一年的单据贴在一个笔记本的最后面,放在密封袋中。此外,汇款单用订书机订在一起保存,因为已经用不着了,不和医疗单据放在一起。

『记事本』就是『便签本』

　　两年前开始一直使用的新款"MD 记事本"，这个记事本的优点在于除了 14 个月（为了衔接性好，本年日历中通常会有前一年的 12 月和下一年的 1 月）的月间日记以外，其余部分全是便签位置。特别适合将左右合页作为一周记事的人，百分之八十的位置带有分割线。

　　丰富的便签空间里还带着索引，"备忘录（朋友生日等）"、"阅读（刻骨铭心的文章）"、"MEMO（今年目标、纪念的事等）"、"SHOP（喜欢的店铺）"等等区别开来以供记载，最后几页没有格线，可以贴一些旅行地的地图等。

　　无论什么都可以写入这个记事本，见到这个记事本时的感动至今还记忆犹新。一年中的云云种种，简简单单地书写在册，深深浅浅地辉映在心，是我的文字相册，伴我流年，与我钟爱。

内页

这个记事本带着本皮和笔插，是定做品。并且，原计划用不可擦的圆珠笔（临时书写时用）和3色圆珠笔（私用、工作用、其他）区分书写。

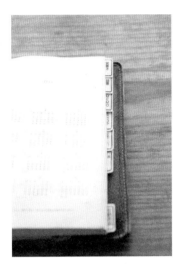

索引整理

好不容易记了下来，如果忘了记在哪里了，再想回头看看就不容易了。索引标签是层合纸质，耐脏也不宜破损，贴上索引标签来分项目整理。

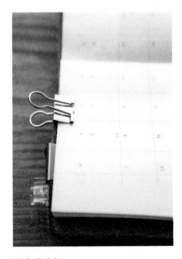

用夹子夹好

从扉页开始将使用过的月份的页码用夹子夹上，这样，用一根小手指就可以找到本月的页码。非常简单又省时间，请您一定试试！

便签的利用方法

将想做和纪念的事情写在便签上，贴在项目"MEMO"内。收集相关事项，有时也会给自己一些途径方向上的启发和提示。

书信和照片的保管方法

地图及票据

收到的来信及卡片

寄来的照片

　　在从事整理收纳服务时，我经常在服务住处看到不知如何放置的书信和照片，可以使用存放箱或将其汇总收放在固定位置，这是一种方法。但是友人特意寄来的信件及照片和其他票据堆放在一起，总觉得有些缺憾。在这里我想推荐的是，准备纪念簿（大约 A4 大小）粘贴存放。

　　数年后，这本纪念册也许会膨胀走形，但那也是回忆的味道。重点是粘贴这本纪念册时，一定不问风格体裁，只是粘贴就好，我连体检结果都粘在这里了。没有必要过多考虑，总之把想保留的粘贴上了就可以了，就这样简单，也是可持续的秘诀。

　　像读杂志那样，把曾经的记忆细细品味吧……

未阅读的使用说明书的收纳

无印良品的文件夹和透明袋子。

同一机器的使用说明书和保修卡放在一个透明袋子里。

虽然文件夹膨胀走形了，但归纳在一起很方便。

　　家里堆积很多，又不能抛弃，想用时找不到又很着急——说的恐怕就是使用说明书了。

　　我家将所有使用说明书汇总到一起，收纳在一个文件夹里，虽然文件夹会鼓蓬蓬的，但里面的资料确凿无误，寻找时绝对无压力。

　　保存规则是一个透明袋里只放同一机器的说明书和保修证。并在透明袋的一端贴上不干胶标签作索引，这样哪个机器的使用说明书一目了然。购买新品时，说明书和保修证的更换也省时省力。

贺
年
片
——
书
籍
风
格
收
纳

　　自从搬到现在的新家以后，我将贺年片自制成册保管起来。制作方法非常简单。具体的请参照第 121 页。

　　独身时代，与我贺年片往来的朋友为数不多，但结婚之后的几年，贺年片仿佛代替礼品和通知书，被大量生产，据说当时印刷也曾一度告急。尽管这样，新年伊始纷至沓来的贺年片，如同是对自己的嘉奖一样，让我们默默欣喜。也切身感到了 CM（Comic Market 的缩写 Comiket 是日本最大的同人志展会）中听到的"贺年片是礼物"这样的心情，今后每年都要发贺年片，并且收到的贺年片也好好珍藏。

　　装订成册的贺年片放在起居室的书架上一段时间，然后就放在壁橱顶柜的存储盒中。比市面上出售的贺年片夹便宜还节省空间，并且是这世上唯一的、独特的作品集。这种风格的收纳是不是很文艺？超爱！

书籍风格的贺年片的制作方法

①固定

将贺年片各端找齐，用双尾夹上下固定。

②涂胶水

在装订一端涂抹胶水。胶水要多涂，要充满贺年片的厚度才可以。

③干燥

在涂好胶水的贺年片一端用多个双尾夹固定，让胶水充分渗着。

④粘着

干燥房间三四个小时就可以自然干燥，像书一样粘连在一起。

⑤封面

用图画纸等稍厚一些的纸作封面。一张A4纸一般可以做两册。

⑥名称

再用胶带粘上名称。这样我和老公的两本贺年册就完成了！

心灵和身体的梳理

喜欢的房间是即使冗杂零乱，也可以立即收拾干净，喜欢的方式是在脏污堆积之前，进行擦拭。同样，心灵中如果积攒下压力，身体也会感到疲劳，也要在堆积之前酌情减负。

喜欢一家叫"senkiya"咖啡馆，在我心里，那是一个仅次于"家"的地方。每当我走进那家咖啡馆时，总是不禁流淌出一种幸福至极的情愫，心中的压抑感也会得到释放。

此外，在我的人生中，还有一个不可欠缺的活动，就是旅行。从每天的琐碎繁杂中解放出来，做自己想做的事……旅行前的攻略及准备也会让我为之雀跃。旅行是我怜惜自己的最佳方式，是我对自己最奢侈的爱。

不仅家中，也要尝试在户外发现自己喜爱的、让自己从容沉静的空间，顿时就会觉得生活视角更加广阔。用唯己独用的疗养术，创造身心清零放空的时光吧。

本多派的休养法

按摩
收纳工作耗费体力，按摩可以缓解堆积的酸痛，让我以精神抖擞的姿态出现在客户面前。

岩石浴
每到冬季，我总要三个月左右去洗一次岩石浴。在那里读书，让身体充分排汗，祛除寒气，温润舒爽！

在"Hulu"网站看电视剧
Hulu 网站可以免费收看正版影视节目，用电脑或智能手机收看固定流量的海外电视剧。

后　记

　　大约 3 年前，我开通了名为"打造轻松整理的房间"的博客，那时的我，"做自己喜欢的事"这种欲望特别强烈，但当时并不清楚，对自己来说"喜欢的事"是什么。记得曾有人说过"总会有些许阳光照在你应去的路上"，"喜欢的事情，即使丢在一旁，也会不由得拾起来"。

　　我自幼喜欢整理，也许所谓的"喜欢的事"就是这个吧。意识到这一点，我开始每天更新博客，考取整理资格，将朋友的家当作试验对象来整理……总之，想到的事情逐一实行了。

　　并且，作为整理收纳顾问开始工作，一年半后，出版著作，书名与我百折千回命名的博客名相同。对我而言，感慨颇深，意义重大。

　　拜访客户，将不方便使用的收纳方式方便化是我工作，积累众多的现场经验，总结出了一些重要的事项，那就是"俯瞰（将事物放在一定高度来看）"和"自我选择"我们每天的生活都在解决眼前课题中反反复复，做到完全"俯瞰"是件困难的事，但如果我们稍稍审视一下自己的行为，或是仔细观察一下家里，就会在收纳方面起作用。其实是因为我们在做着浪费的动作，或者被不使用的物品占据着良好的位置。

　　另外，"喜欢的事情，即使丢在一旁，也总会不由得拾起来"，也是从俯瞰的角度出发的，俯瞰其实就是观察自身的过程。

　　俯瞰自己的过程就是选择"什么最重要并为之努力"的过程。不是任由通常的"应该有"所摆布，只有自己认为"好"而选择的、正确的价值观创造给我们的生活才是最心仪的，我正是一直这样认为，并且一直这样生活……阅读此书的亲爱的读者，真心地希望你们能拥有"自己喜欢的生活"。

最后，在第一部作品出版之际，感谢一直支持我的 WANI BOOKS 的杉本先生、撰稿人矢岛先生、摄影师中岛先生、设计后藤先生等相关工作人员，还有支持我整理收纳的广大客户及访问我博客的广大网友，感谢大家一直以来的支持和厚爱，谢谢！

2012 年 11 月　**本多沙织**

图书在版编目（CIP）数据

打造轻松整理的房间 /（日）本多沙织著；刘慨译 .— 济南：山东人民出版社，2014.10（2017.8 重印）
ISBN 978-7-209-08655-4

Ⅰ . ①打… Ⅱ . ①本… ②刘… Ⅲ . ①居室—室内布置
Ⅳ . ① TS975

中国版本图书馆 CIP 数据核字 (2014) 第 183778 号

KATADUKETAKUNARU HEYA-DUKURI by Saori Honda
Copyright © Saori Honda 2012
All rights reserved.
Original Japanese edition published by Wani Books Co., Ltd.

This Simplified Chinese edition is published by arrangement with
Wani Books Co., Ltd, Tokyo in care of Tuttle-Mori Agency, Inc., Tokyo
through Shinwon Agency Co., Beijing Representative Office

山东省版权局著作权合同登记号　图字：15-2014-187

责任编辑：王海涛

打造轻松整理的房间

〔日〕本多沙织　著　刘　慨　译

山东出版传媒股份有限公司
山东人民出版社出版发行

社　址：济南市胜利大街 39 号　邮　编：250001
网　址：http:// www.sd-book.com.cn
发行部：(0531) 82098027　82098028
北京图文天地制版印刷有限公司印装

规　格　32 开（148mm×210mm）
印　张　4
字　数　50 千字
版　次　2014 年 10 月第 1 版
印　次　2017 年 8 月第 3 次
ISBN　978-7-209-08655-4
定　价　29.00 元

如有质量问题，请与印刷厂调换。010-84488980